安徽省高等学校“十一五”省级规划教材
高 职 计 算 机 类 系 列 教 材

项目化Java教程

XIANGMUHUA Java JIAOCHENG

主　　编：李　锐　周巧婷
副 主 编：孙街亭
编写人员：（以姓氏笔画为序）
刘旭光　李
孙街亭　周

中国科学技术大学出版社

图书在版编目(CIP)数据

项目化 Java 教程/李锐主编. —合肥:中国科学技术大学出版社,2008.8
ISBN 978-7-312-02330-9

Ⅰ. 项… Ⅱ. 李… Ⅲ. Java 语言—程序设计—高等学校—教材
Ⅳ. TP312

中国版本图书馆 CIP 数据核字(2008)第 101736 号

出版 中国科学技术大学出版社
安徽省合肥市金寨路 96 号,230026
http://press.ustc.edu.cn
印刷 合肥现代印务有限公司
发行 中国科学技术大学出版社
经销 全国新华书店
开本 710mm×960mm 1/16
印张 15.25
字数 300 千
版次 2008 年 8 月第 1 版
印次 2008 年 8 月第 1 次印刷
定价 25.00 元

前　言

本书是以学习目前软件开发中最流行的开发工具 Java Eclipse 为目标讲授 Java语言，这种软件技术新颖，结构布局独特。本书内容循序渐进，以案例来解析概念。选取的企业案例真实可用，将概念解析与企业场景需求分析相结合，避免了单纯地概念讲解和抽象的描述，忽略枝节，抓住重点，直接导入工程案例，有助于学生理解 Java 纯面向对象语言概念和规则。将指导练习与独立练习相结合，同时，承上启下地简述 Java、J2EE、JSP 之间的关联关系，为学生进一步学习指明了方向。

本书内容共包括 14 章，分别为：Java 开发工具及配置、Java 语言基础、Java 控件与类包、Java Applet 程序、布局管理器、事件处理、异常处理、菜单与窗体、线程处理、文件处理、网络通讯、JDBC、JavaBean 和 JSP 简单应用。另外，每章都附有相关的实训习题、指导练习和独立练习。

本书由李锐、周巧婷主编，安徽职业技术学院孙街亭任副主编。其中李锐负责第 1、2、3、4、10 章编写，周巧婷负责第 5、6、7、8、9 章编写，孙街亭负责第 11、12、13、14 章编写，刘旭光参与了第 4、5、10 章编写。

本书可作为高职高专院校计算机相关专业的教材，也可作为对 Java 感兴趣人员的自学教材。

本书编者从事印度软件培训教程的授课工作近 3 年，深得印度软件教材编写技术路线的精要，同时编者所进行的“结合中印 NIIT 合作办学经验，深化课程体系改革，创新教材编写技术路线”的教学研究项目又获 2007 安徽省级教学研究项目立项，为编写此教材打下了良好基础。但作为一个新软件的教学尝试，书中不足之处在所难免，敬请广大读者批评指正。

若使用本书的学校欲索取相关教学资源，请联系 ustcp@163.com。

编　者

2007 年 12 月

目　录

第1章 Java开发工具及配置

1.1 概念解析

Java 环境配置是比较复杂的，而且各种插件繁杂，不同版本的配置也不同，正确配置需要查询各种帮助文件和专业网站，同时，对 Java 的各种包和类的了解必须参看 Java API 文档，如图 1-1 所示。

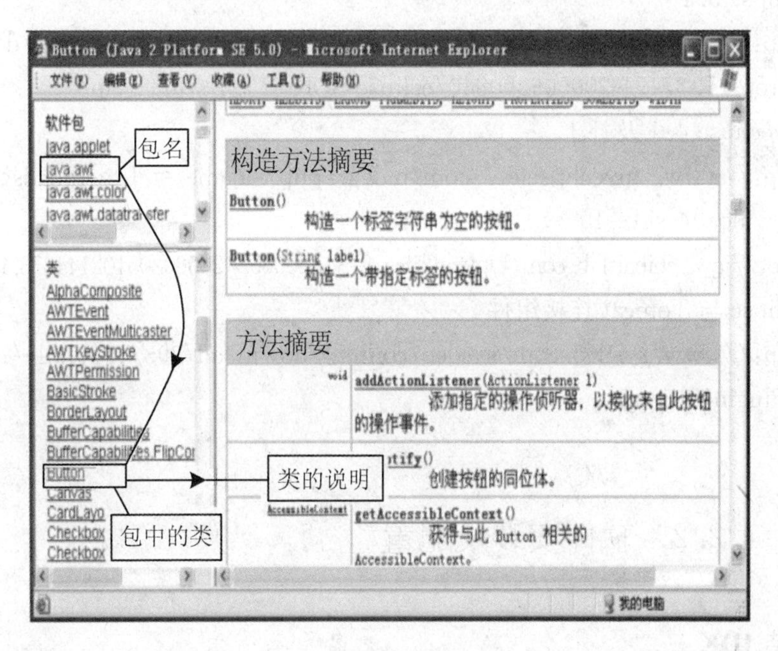

图 1-1

这里我们以 Eclipse 3.1＋JDK 1.5＋Myeclipse 4.1＋Tomcat 5.0 构架 Java 环境，详细说明如下：

1.2 实训一 软件安装及配置

1.2.1 软件下载

配置该环境应该必备的几个软件及其下载地址如下：

JDK 1.5

http://www.javaresearch.org/members/jross/jdk/jdk-1_5_0-windows i586.exe

Tomcat 5.0 解压缩版

http://tomcat.apache.org/download-55.cgi#5.0.28

Eclipse 3.1

http://www.eclipse.org/downloads/download.php?file=/eclipse/downloads/drops/R-3.1.1-200509290840/eclipse-SDK-3.1.1-win32.zip

Myeclipse 4.1 及补丁

http://www.myeclipseide.com/index.php?name=Downloads&req=viewsdownload&sid=10

http://java.chinaitlab.com/UploadFiles_8734/200602/20060205102144373.rar

Eclipse 与 Tomcat 连接组件

http://www.sysdeo.com/sysdeo/content/download/393/4930/file/tomcatPluginV31.zip

1.2.2 软件安装及配置

1. 安装 JDK

找到下载的 JDK 安装文件，双击安装，安装过程中一定要记住 JDK 的安装路径。

以下是默认安装目录，如果不想安装在该目录，请点击“Change”按钮更改安装目录，如图 1-2 所示。

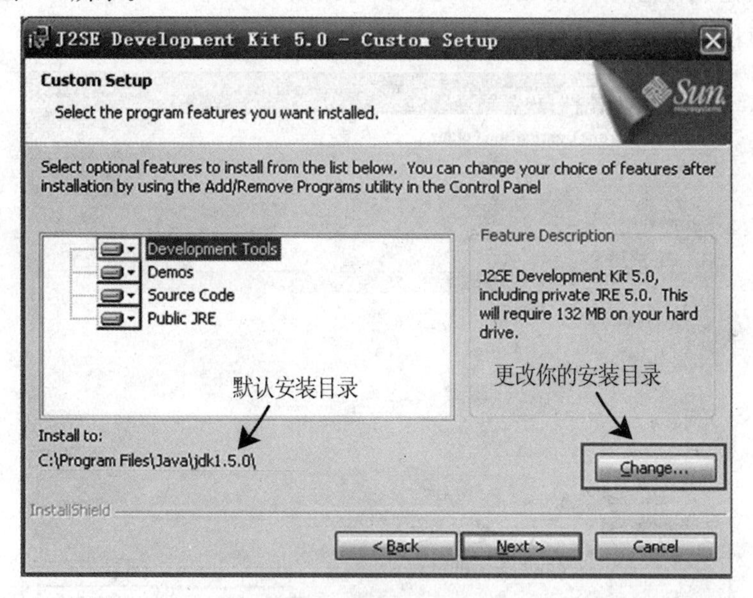

图 1-2　默认安装目录

点击“Change”按钮后的更改安装目录步骤，如图 1-3 所示。

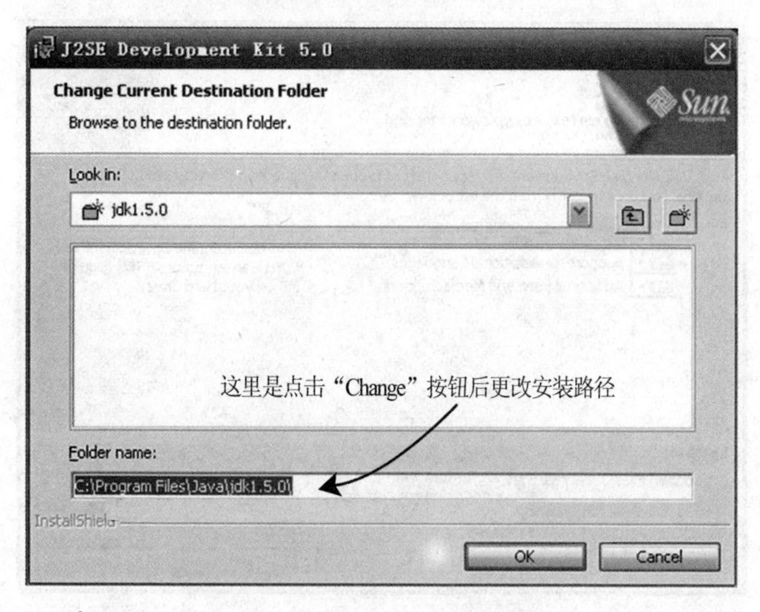

图 1-3　点击“Change”按钮后的界面

在阴影选中区域更改安装目录。

更改完毕后完毕后，点击“OK”按钮，一路“Next”，JDK 安装完毕后还会弹出一个窗口，如图 1-5 所示。

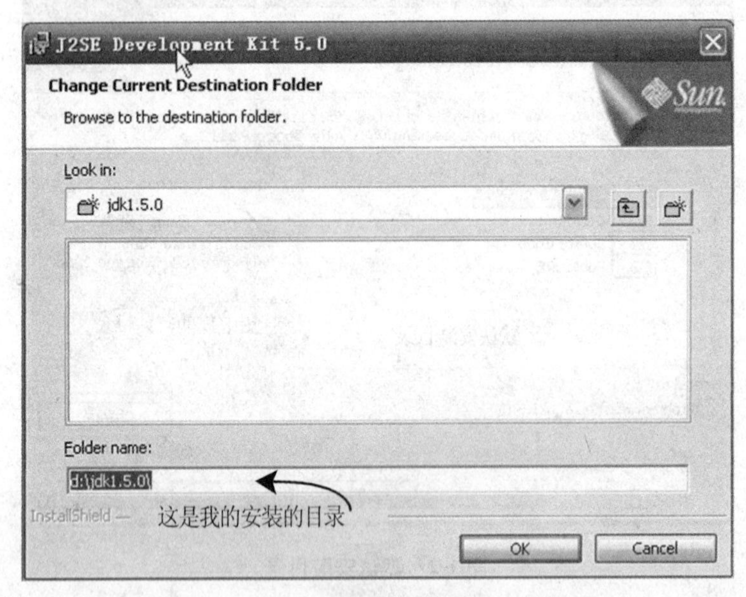

图 1-4　更改安装目录

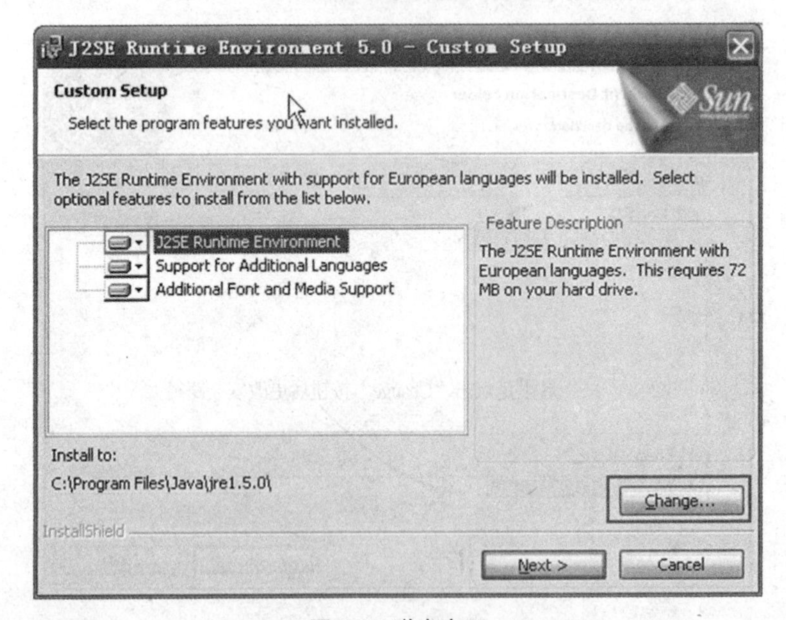

图 1-5　弹出窗口

操作步骤同上，此处不再赘述。一路“Next”到安装完毕。

至此 JDK 安装完毕。

2. 设置 JDK 环境变量

JDK 环境变量设置是关系整个环境配置质量的关键所在，所以在配置的时候一定要细心。

需要设置的变量有 JAVA_HOME、PATH、CLASSPATH。

如果是 Win 95/98 系统，则要在\autoexec.bat 的最后添加如下 3 行语句：

set JAVA_HOME=JDK 安装路径(如 D:\jdk1.5.0)

set PATH=%JAVA_HOME%\bin;%PATH%

set CLASSPATH=.;%JAVA_HOME%\lib;%JAVA_HOME%\libdt.jar;%JAVA_HOME%\lib\tools.jar

如果是 Win 2000/NT/XP 系统，则设置环境变量为：

系统变量→新建→变量名："Java_HOME"，变量值"JDK 安装路径(如 D:\jdk1.5.0)"；

系统变量→新建→变量名："CLASSPATH"，变量值".;%JAVA_HOME%\lib;%JAVA_HOME%\libdt.jar;%JAVA_HOME%\lib\tools.jar"；

系统变量→编辑→变量名："Path"，变量值"%JAVA_HOME%\bin"。

注：CLASSPATH 中有一英文句号"."，后跟一个分号，表示当前路径的意思。

以下为配置时会出现步骤的几个抓图(Win XP 操作系统，Win 2000 及 Win 2003 系统是一样的)(图 1-6、图 1-7)。

在系统桌面上，在"我的电脑"图标上点击右键，选择属性，点到"高级"选项卡，如图 1-6 所示。

点击"环境变量"按钮进入下一步骤，如图 1-7 所示。

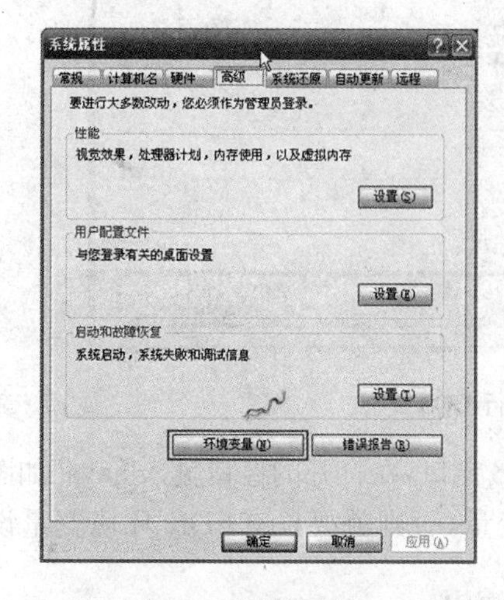

图 1-6　高级选项卡

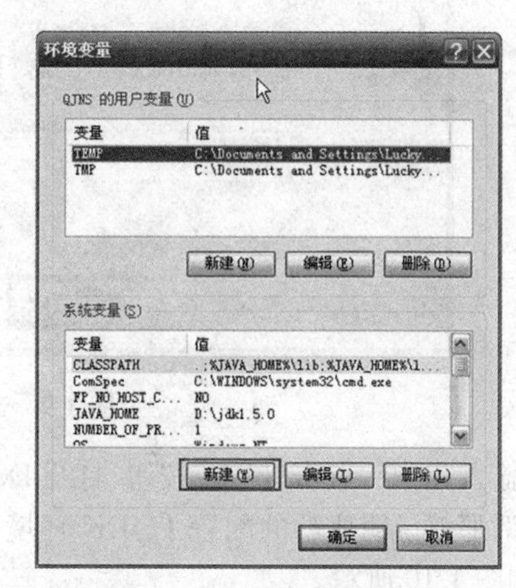

图 1-7　环境变量设置

点击(图 1-7)底部的“新建”按钮,添加环境变量,点击上方的那个“新建”按钮也可以(只对当前使用的系统用户使用),如图 1-8 所示。

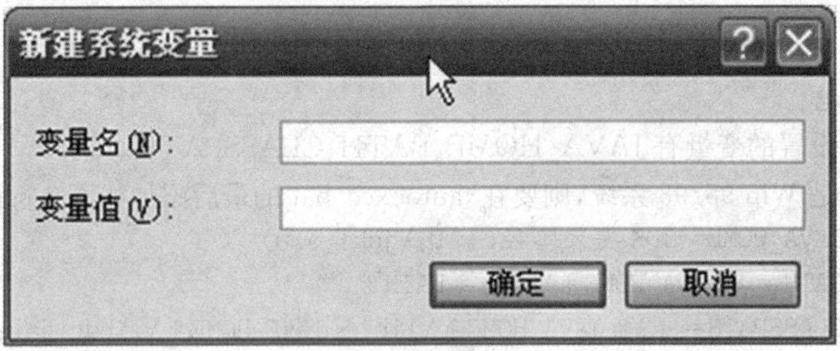

图 1-8　新建系统变量

依次输入 JAVA_HOME、CLASSPATH、Path 的值:

“JAVA_HOME”,变量值“JDK 安装路径(如 D:\jdk1.5.0)”;

“CLASSPATH”,变量值“.;%JAVA_HOME%\lib;%JAVA_HOME%\libdt.jar;%JAVA_HOME%\lib\tools.jar”;

“Path”,变量值“%JAVA_HOME%\bin”。

注:CLASSPATH 中有一英文句号“.”,后跟一个分号,是表示当前路径的意思。

输入完毕后,按“确定”,关闭系统属性窗口。

点击“开始”→“运行”,在弹出的窗口中输入“cmd”,如图 1-9 所示。

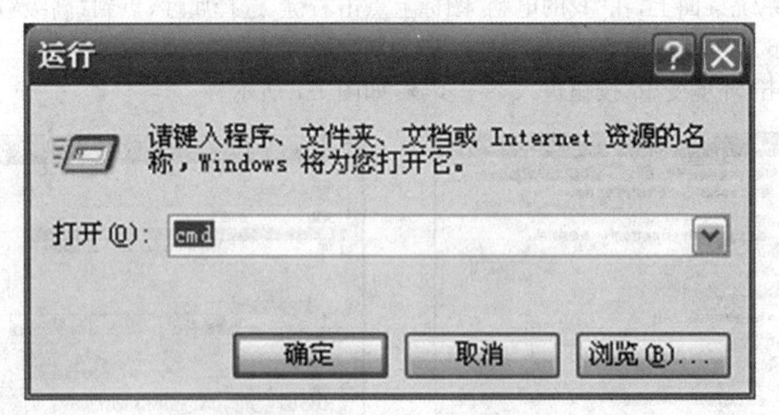

图 1-9　运行 DOS

输入完毕后点击“确定”按钮,打开 DOS 窗口,在打开的窗口输入“java”如图所示的话那就说明成功的配置了 JDK 环境变量,否则就要检查 JDK 环境变量设置了,如图 1-10 所示。

```
C:\WINDOWS\system32\cmd.exe

C:\>java
Usage: java [-options] class [args...]
           (to execute a class)
   or  java [-options] -jar jarfile [args...]
           (to execute a jar file)

where options include:
    -client       to select the "client" VM
    -server       to select the "server" VM
    -hotspot      is a synonym for the "client" VM  [deprecated]
                  The default VM is client.

    -cp <class search path of directories and zip/jar files>
    -classpath <class search path of directories and zip/jar files>
                  A ; separated list of directories, JAR archives,
                  and ZIP archives to search for class files.
    -D<name>=<value>
                  set a system property
    -verbose[:class|gc|jni]
                  enable verbose output
    -version      print product version and exit
    -version:<value>
                  require the specified version to run
    -showversion  print product version and continue
```

图 1-10　DOS 窗口

至此 JDK 环境变量与测试完毕。

接下来就是 Tomcat 地安装与 Eclipse 的安装。

3. Tomcat 安装

把下载的 Tomcat 压缩包解压缩到硬盘，本书范例的解压缩的目录是 D:\tomcat5.0.28。

4. Eclipse 安装

Eclipse 也是解压缩版的，解压缩即可使用，这里解压缩的目录同样是 D:\eclipse

下面是解压缩 Tomcat 与 Eclipse 后的 D 盘目录结构，如图 1-11 所示。

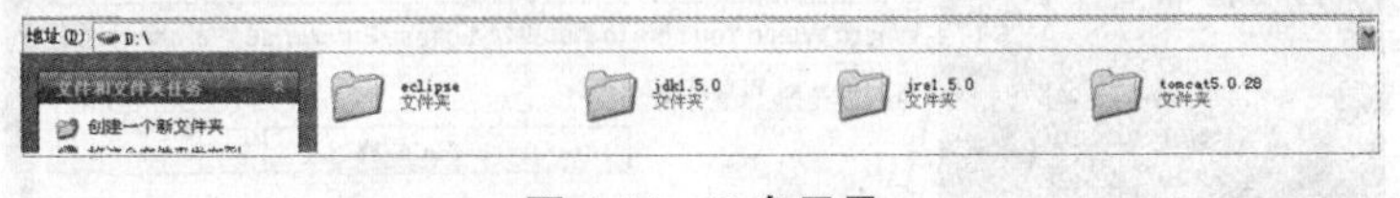

图 1-11　D 盘目录

解压缩 Eclipse 完后继续下一步操作。

5. Myeclipse 安装与 Eclipse 集成

Myeclipse 是需要安装的，找到下载的 Myeclipse 双击进行安装，如图 1-12 所示。

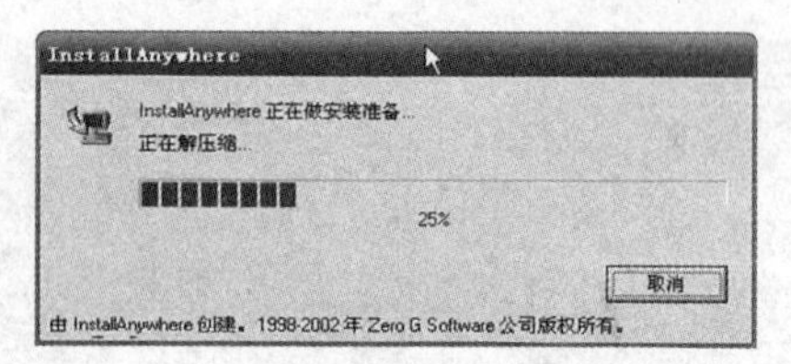

图 1-12　Myeclipse 解压安装

如果 Win 2003 系统不能使安装继续进行,就重启一下再安装。安装时需找到 Eclipse 目录,如图 1-13 所示。

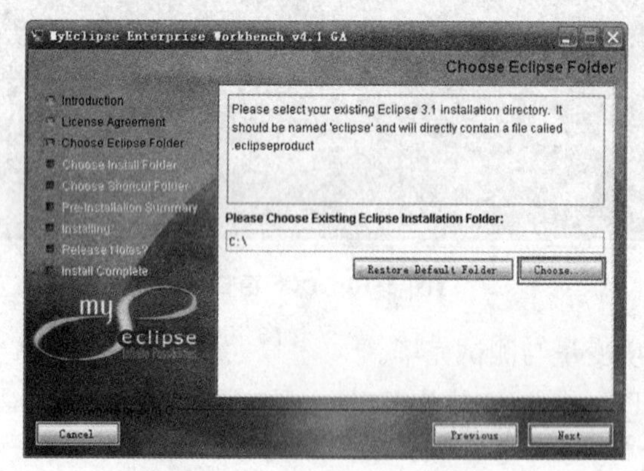

图 1-13　定位 Eclipse 目录

此处只有正确定位 Eclipse 目录才能进行下一步操作。然后确定 MyEclipse 安装的目录,如图 1-14 所示。

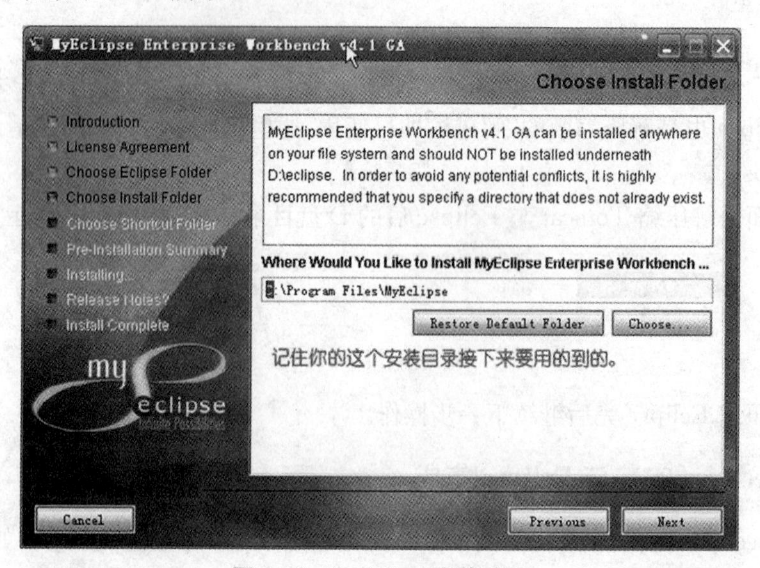

图 1-14　MyEclipse 安装目录

记住 MyEclipse 安装的目录，单击“Next”，即可完成安装。

安装完毕后，找到 MyEclipse 安装目录把其中的 eclipse 目录文件夹中的以下两个文件夹复制到硬盘的其他地方。

1-15 需要拷贝的文件夹

拷贝完毕后，在删除卸载程序中把 MyEclipse 卸载掉。

卸载完毕后把复制出来的那两个文件夹中的文件对应拷贝到 Eclipse 目录中的这两个文件夹中，之所以这样做就是为了把 MyEclipse 插件集成到 Eclipse 中去，以免误删了 MyEclipse 后在 Eclipse 中无法使用 MyEclipse 的插件。

操作完毕后，运行 Eclipse，如图 1-16 所示。

图 1-16 选择工作目录

如果在工作界面有以下红色选中区域中的文字那恭喜 MyEclipse 与 Eclipse 已经集成到一起了，如图 1-17 所示。

至此 Eclipse 与 MyEclipse 已经集成完毕。

在 MyEclipse 的官方网站注册以获得注册码(图 1-17)。

图 1-17 MyEclipse的官方网站

在图1-18所示的注册栏中注册。

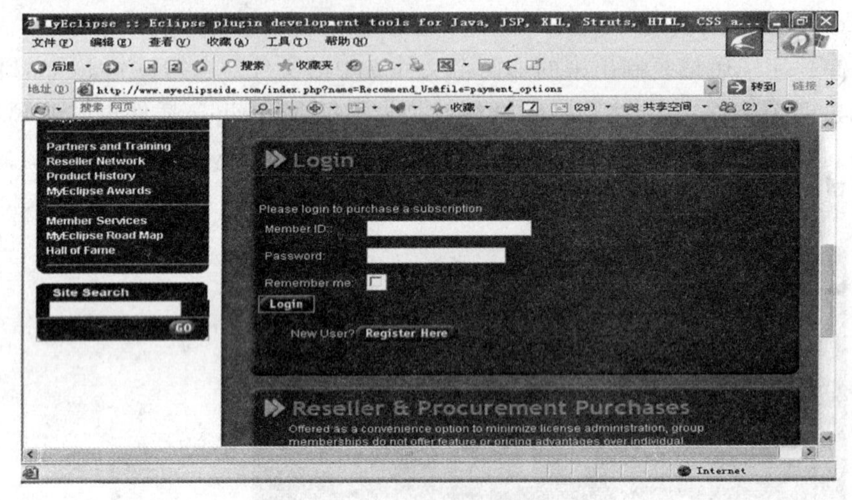

图 1-18 获取注册码

点击Eclipse中的“Window”→“Preferences”，如图1-19所示。

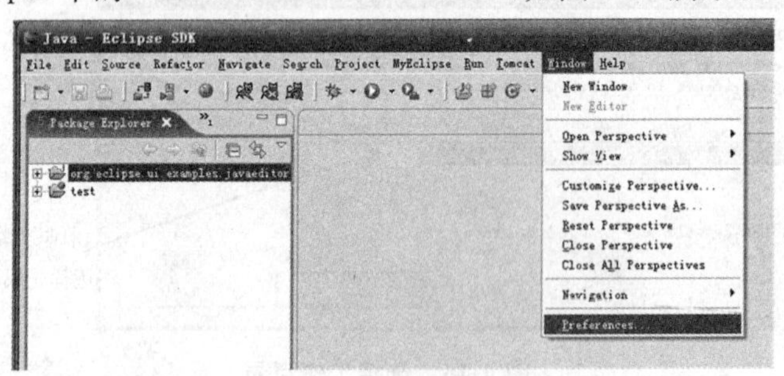

图 1-19 注册MyEclipse

在打开的窗口中点击MyEclipse找到“Subsciption”，点击“Enter Subsciption”，如图1-20所示。

在图1-21所示窗口中输入在注册机所得到的注册码。

至此MyEclipse安装完成。

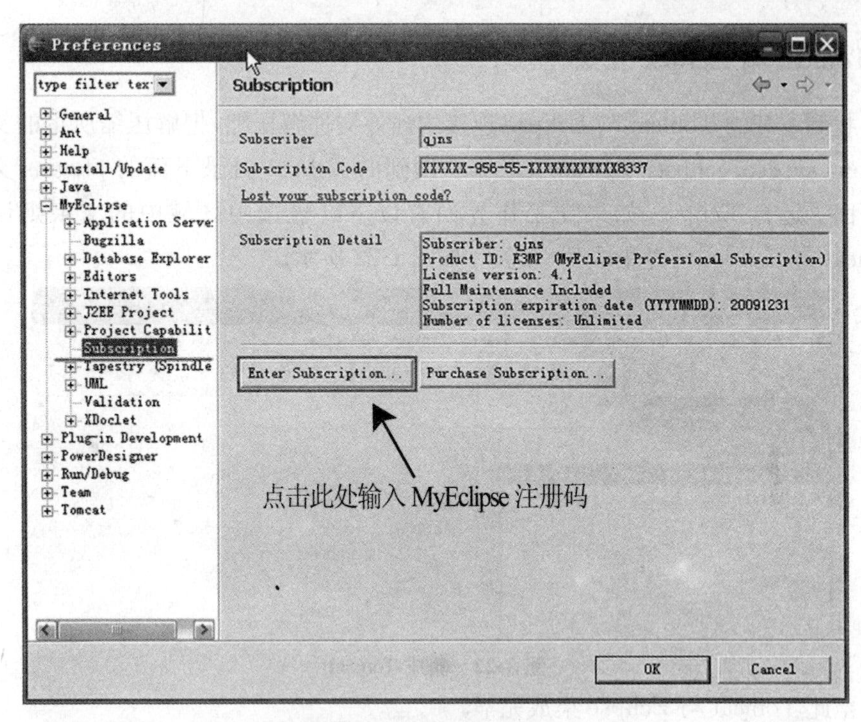

图 1-20 输入注册码

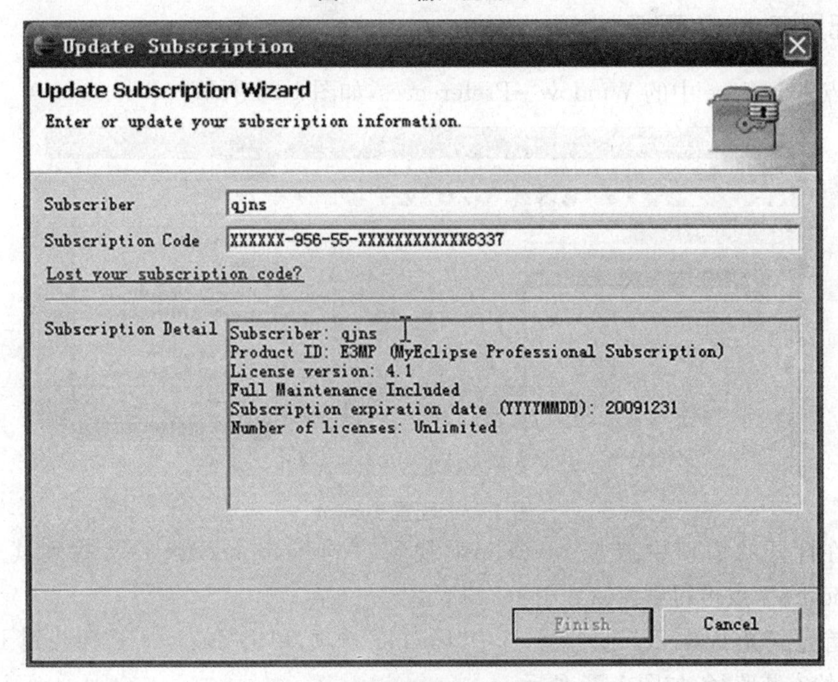

图 1-21 输入注册码

6. Tomcat 与 Eclipse 集成

找到下载的 Tomcat 与 Eclipse 连接的插件文件解压缩，把解压缩所得的文件夹 com. sysdeo. eclipse. tomcat_3. 1. 0 复制到的 Eclipse 目录下面的 plugins 文件夹下面。运行 Eclipse，如果在工作界面有以下红色选中区域中的文字则说明 Tomcat 与 Eclipse 已经集成到一起了，如图 1-22 所示。

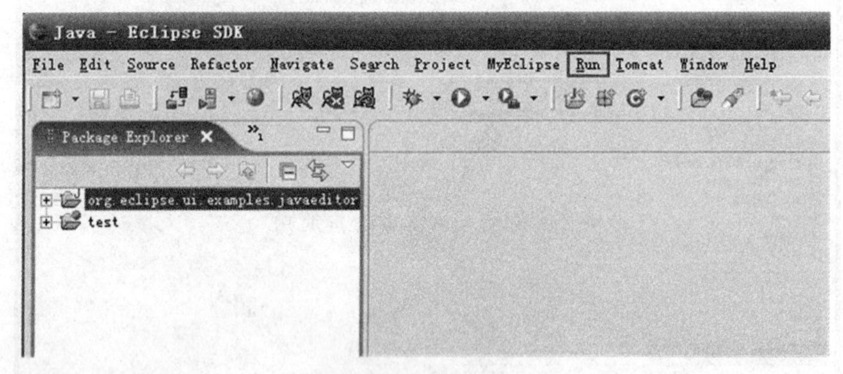

图 1-22　集成 Tomcat

至此 Tomcat 与 Eclipse 集成完毕。

7. 配置 Tomcat 环境

点击 Eclipse 中的 Window→Preferences，如图 1-23 所示。

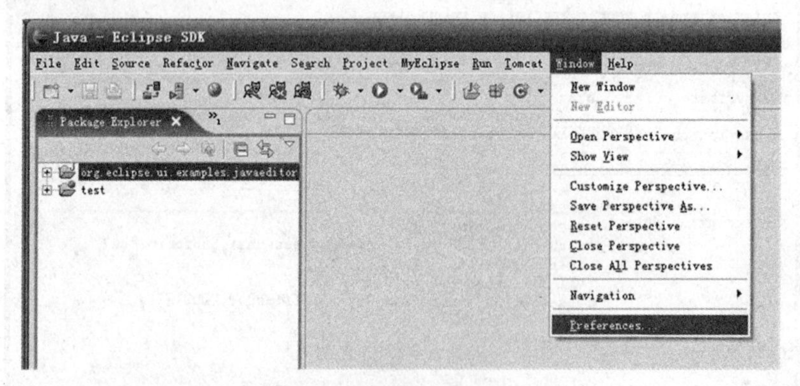

图 1-23　配置 Tomcat

在打开的窗口中点击 MyEclipse 找到“Application Servers”，找到其中的“Tomcat 5”，点击得到窗口如图 1-24 所示。

首先配置 Tomcat 5 服务器，选中“Enable”选项，单击“Browse”按钮找到 Tomcat 5 的安装路径，如图 1-25 所示。

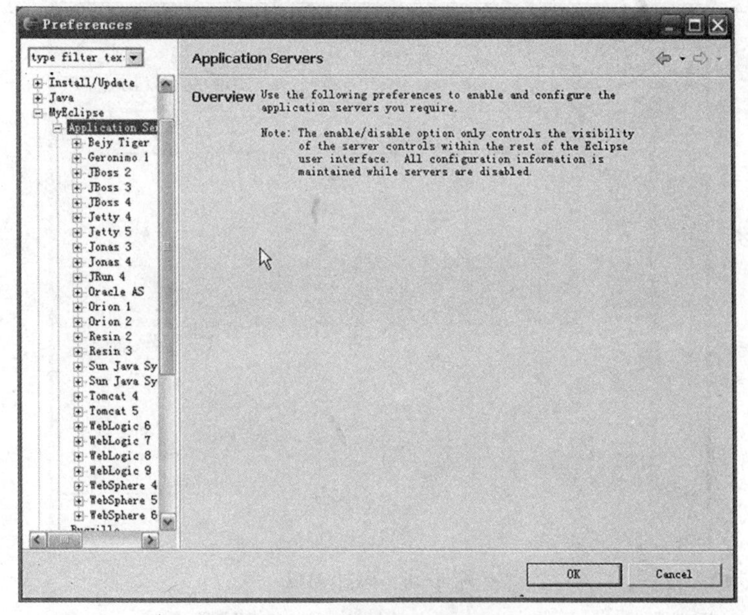

图 1-24 Tomcat 环境配置

图 1-25 Tomcat 环境设置

然后再配置 JDK，点击 Tomcat 5 下面的 JDK，如图 1-26 所示。打开如图 1-27 所示窗口点击“Add”按钮后弹出窗口，添加一下 JDK 路径。

设置完毕后点击“OK”按钮。

至此 Tomcat 环境设置完成。

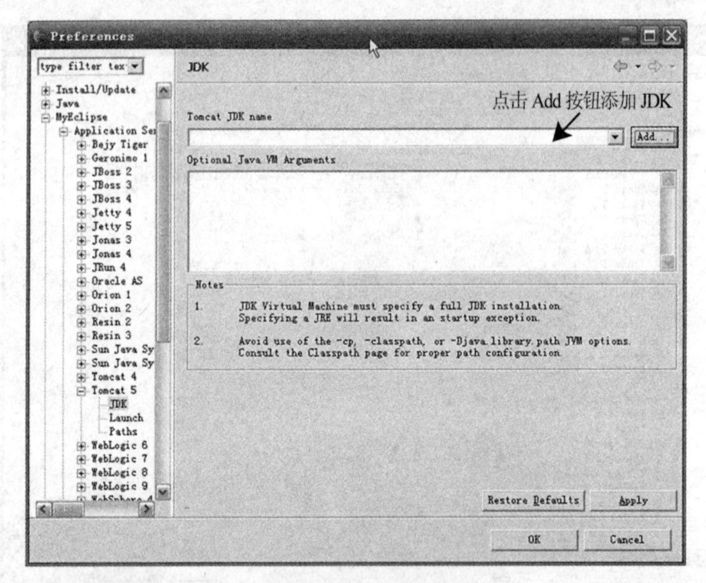

图 1-26　添加 JDK

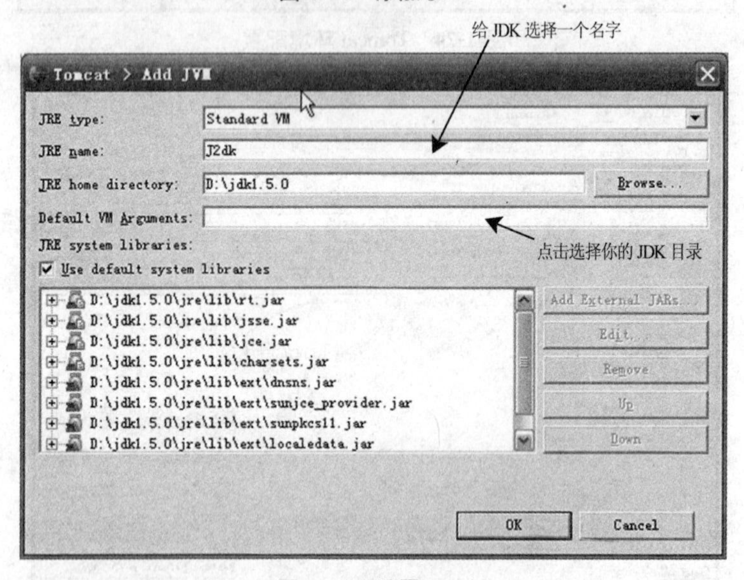

图 1-27　设置 JDK

8. 测试 Java 环境

环境已经安装配置完毕了,我们接下来要测试配置环境。

(1) 新建一个工程文件

运行 Eclipse,打开“New”菜单,选中“Web Project”,如图 1-28 所示。点击“Next”,输入工程名称与工程存放位置,如图 1-29 所示。

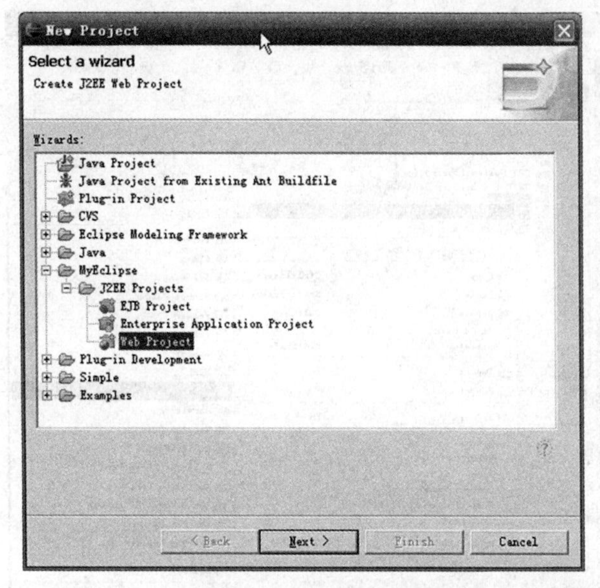

图 1-28 新建 Web 工程

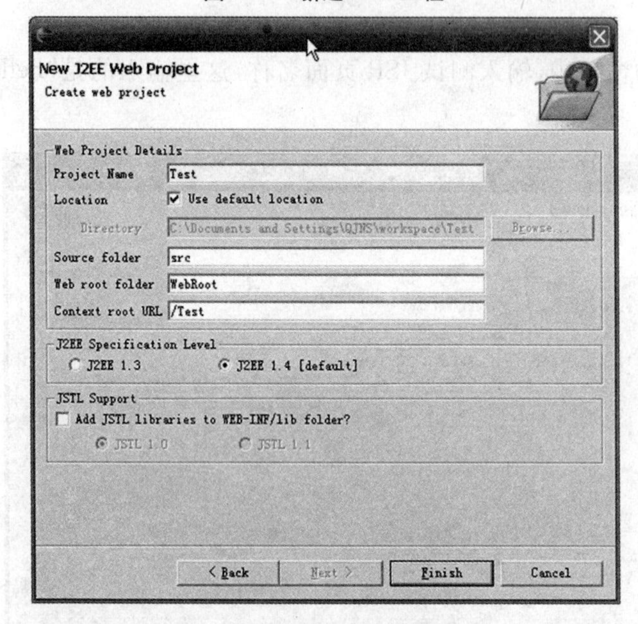

图 1-29 工程名称与存放目录

输入完毕后，点击“Finish”按钮，进行下一步操作。

(2) 建立测试页面

在建立的那个工程 Test 中，点击“WebRoot”，点击鼠标右键新建一个 JSP 页面，如图 1-30 所示。

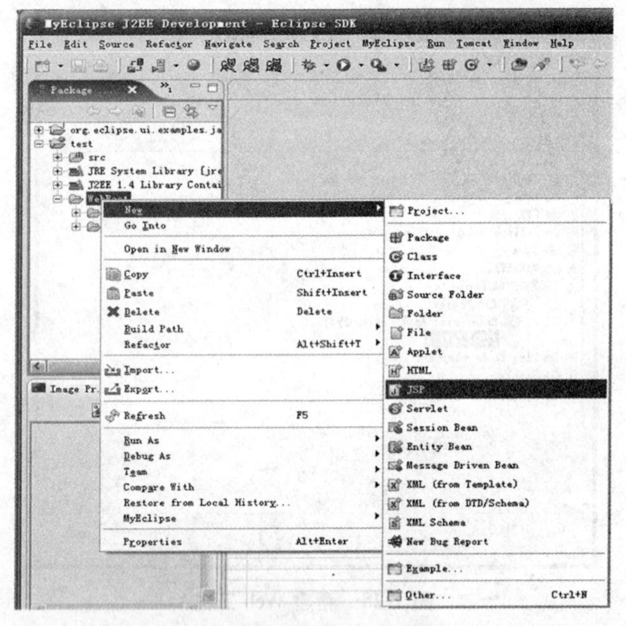

图 1-30　新建 JSP 页面

在弹出的窗口中，输入测试 JSP 页面名称，这里输入的是“hello. jsp”，如图 1-31所示。

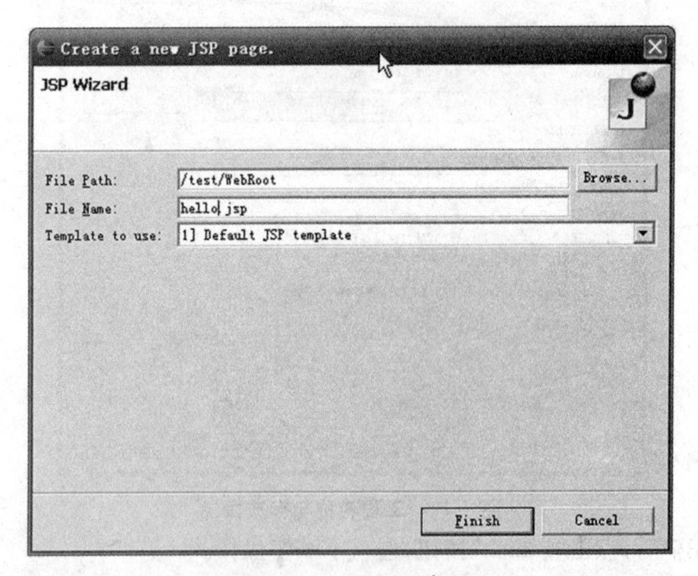

图 1-31　hello. jsp 建立

输入完毕后点击“Finish”按钮，完成 JSP 页面建立。

在 hello. jsp 页面中输入以下内容，以便测试用，如图 1-32 所示。

图 1-32 hello.jsp 页面内容

(3) 部署工程文件

在 Eclipse 中点击一下窗口中红色区域的图标，部署工程文件，如图 1-33 所示。

点击后，会弹出一个窗口，如图 1-34 所示。

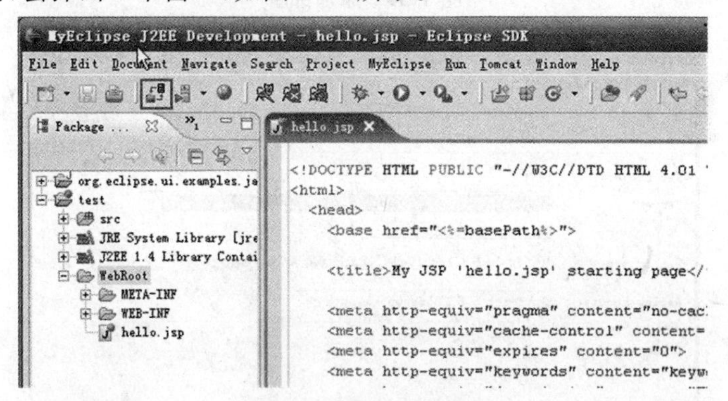

图 1-33 部署工程文件

点击“Add”按钮后，弹出窗口，如图 1-35 所示。

在“Server”处点击下拉菜单选择 Tomcat 5，选中后点击“Finish”按钮，关闭该页，之后再点击“OK”关闭前页，完成工程部署。

(4) 运行测试文件

测试页面部署工作完成之后我们就要测试环境是否配置成功了，这时候只需要点击 Eclipse 中被红色圈中的图标即可启动 Tomcat，如图 1-36 所示。

注意 Eclipse 下部的 Console 信息，如果显示类似下面类型的信息，说明 Tomcat 已经正常启动，如图 1-37 所示。

此时打开我们的浏览器，在地址栏中输入以下地址：

http://127.0.0.1:8080/test/hello.jsp

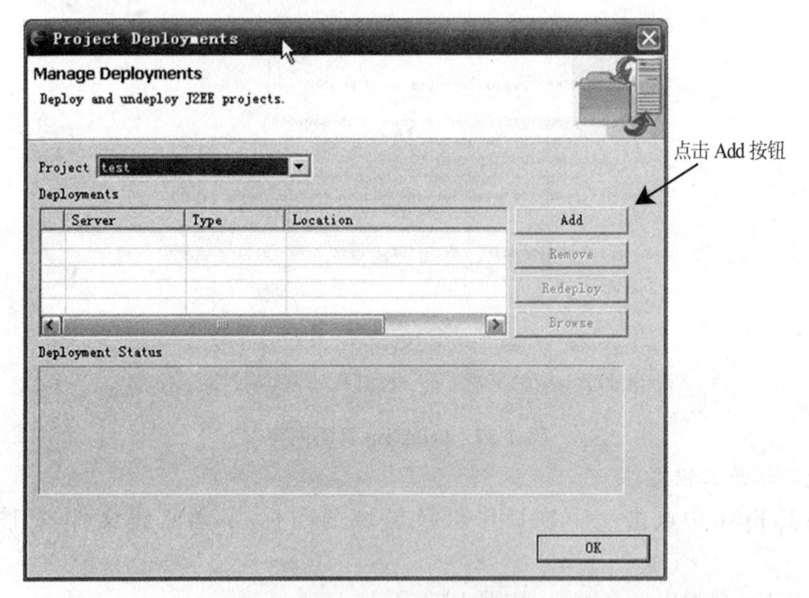

图 1-34　添加部署

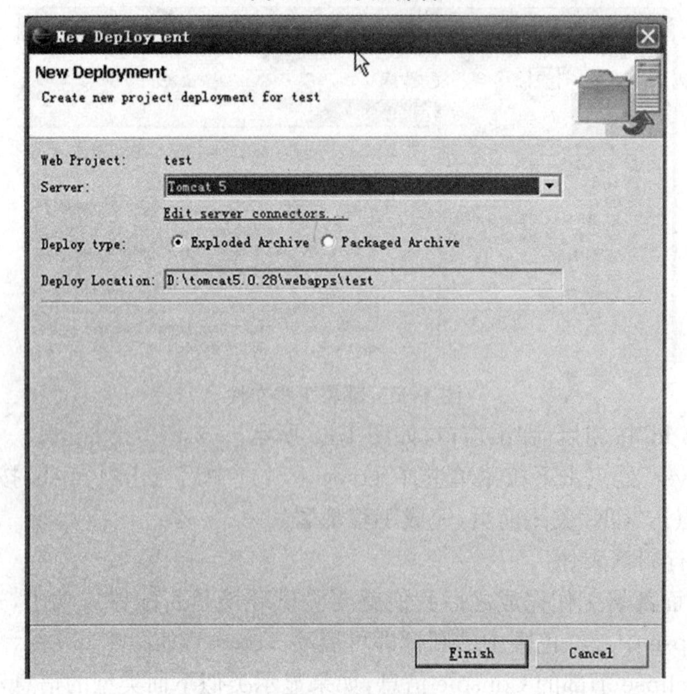

图 1-35　部署工程

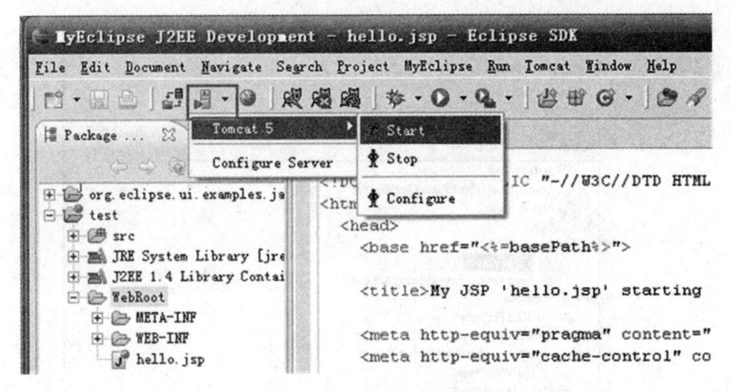

图 1-36 启动 Tomcat

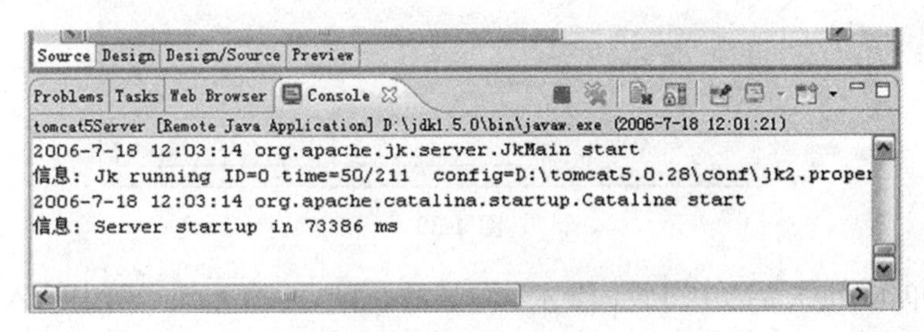

图 1-37 Console 信息

如果可以显示如图 1-38 所示的内容,那说明配置的环境已经没有问题了。

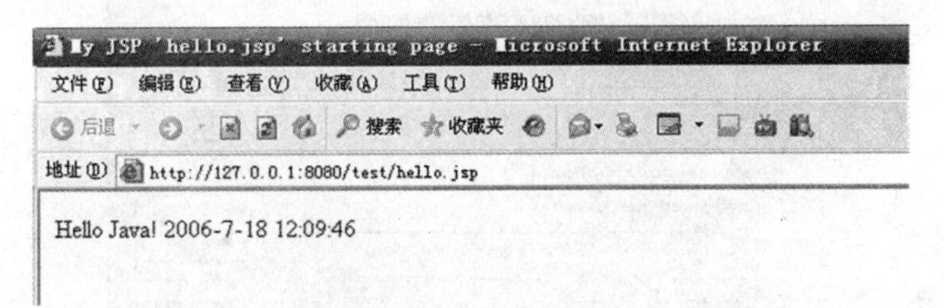

图 1-38 hello.jsp 页面内容

1.3 实训二 编程运行

在这个实训中,将介绍如何在 eclipse 环境中创建 Java 项目。一个 Java 项目包含用于构建 Java 程序的源代码和相关文件。下面以创建“Hello Test”项目为例讲解,步骤如下:

① 单击“File”→“New”→“Project”,打开对话框,如图 1-39 所示。

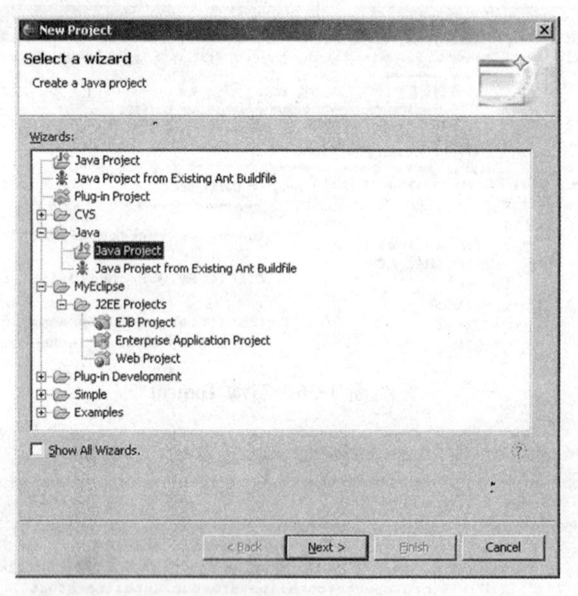

图 1-39

② 单击"Java",选中"Java Project",然后在"Project name"项中输入"test"单击"Finish",如图 1-40 所示。

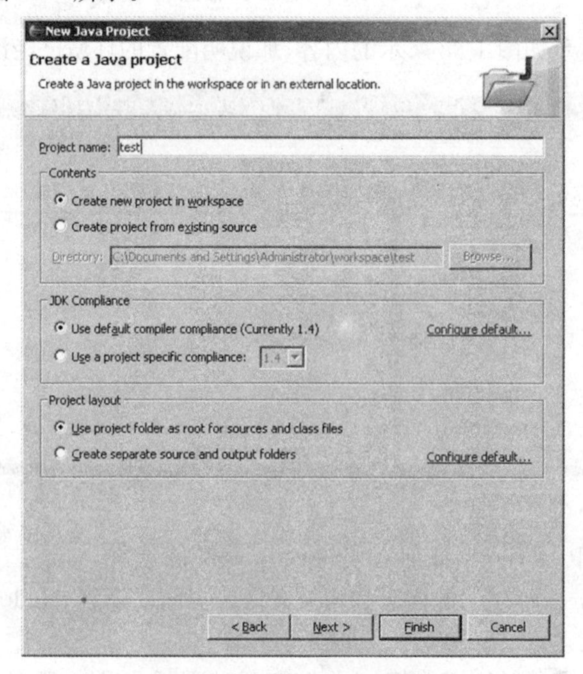

图 1-40　新建 Java 工程

③ 选择在“Test”项目下建立一文件，单击“File”→“New”→“Class”出现对话框，如图 1-41 所示。

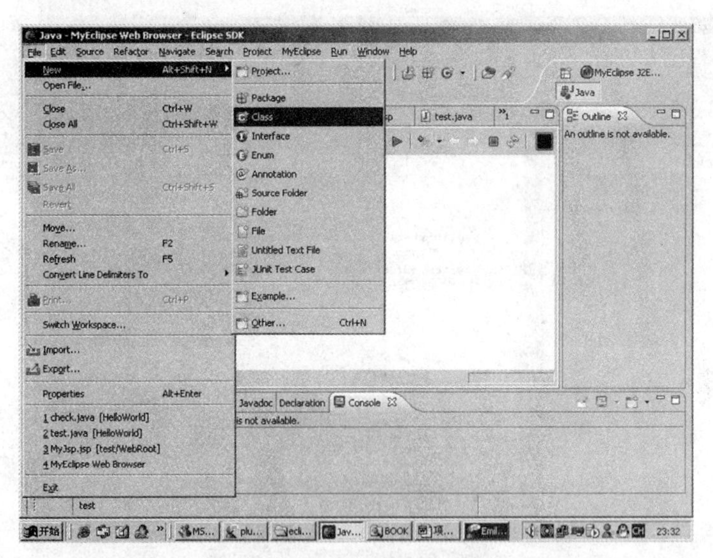

图 1-41　新建类命令

单击“Class”，出现如图 1-42 所示窗口。在“Name”项输入 Test，单击“Finish”。

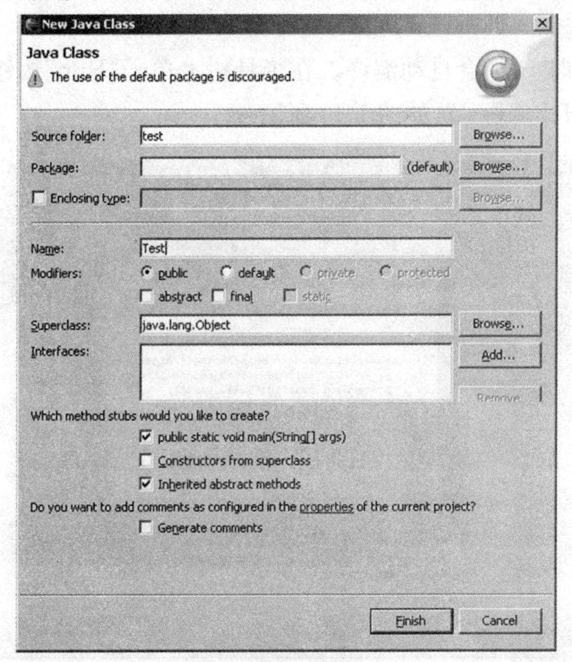

图 1-42　新建类向导

④ 在 Main 方法中输入“System. out. println("Hello Test");”，如图 1-43 所示。

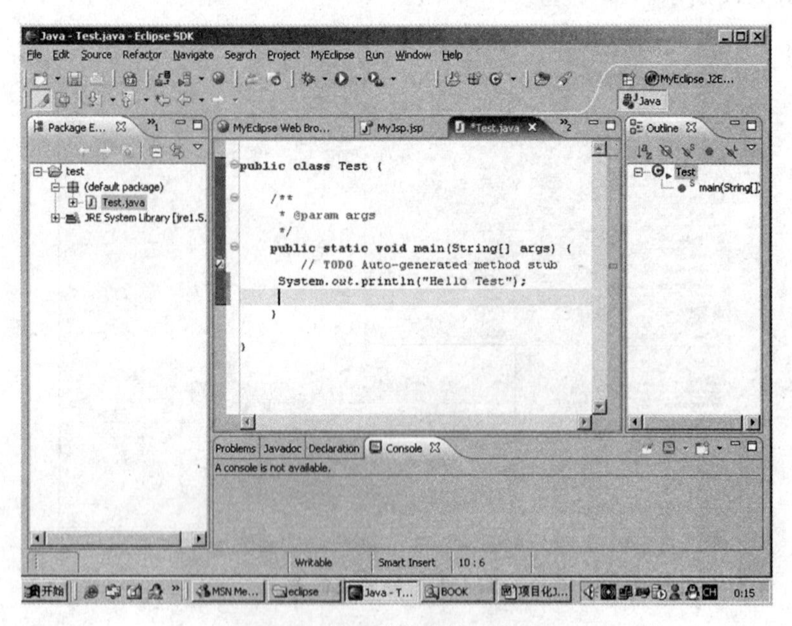

图 1-43　代码输入集成环境界面

⑤ 保存文件。

在保存文件时 Java 会自动编译。在工具栏上单击“Run”按钮，则在控制台上显示运行结果“Hello Test”，如图 1-44 所示。

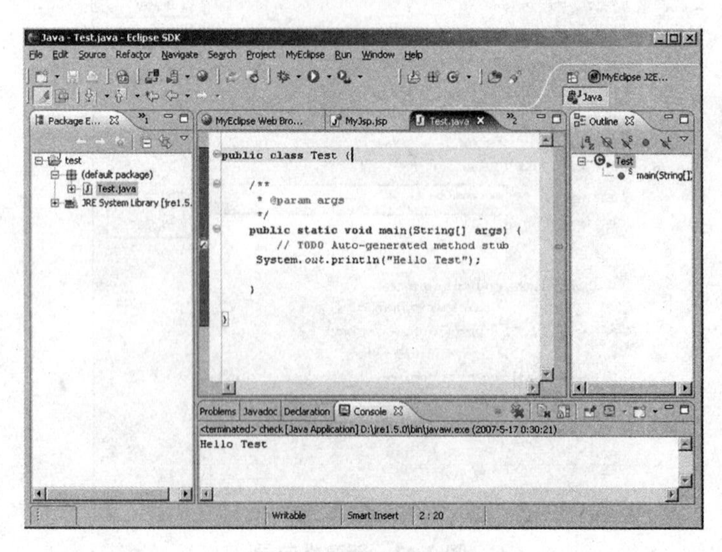

图 1-44　显示运行结果

小结

本章主要讨论了 Eclipse 3.1＋JDK 1.5＋Myeclipse 4.1＋Tomcat 5.0 构架 Java 环境配置和 Java 程序文件的创建。

独立练习

安装并配置 Eclipse 环境，仿照上例调试项目文件。

第2章　Java 语言基础

2.1　概念解析

这里我们仅重点讨论 Java 语言规则、数据类型、运算符以及对象变量和分支结构语句、循环结构语句以及结构嵌套。

2.1.1　Java 语言规则

① 在 Java 程序中，必须使用大括号"{}"将一组相关语句括起来。类中的所有语句、方法中的所有语句以及某些语句体等等。我们规定一对大括号的左括号和右括号总是各自独立占有一行，并且二者的位置垂直对齐。

② 一条语句占据一行，如果语句过长，可以分多行显示语句内容。

③ Java 源程序主要由 5 部分组成：package 和 import 语句、类、方法和语句。

④ package 语句用来定义该程序所属的包，该语句必须位于程序的最前面，且每个程序只允许使用一条 package 语句。如果忽略该语句，则程序属于默认包。

⑤ import 语句用来导入其他包中的类，以便于在程序中使用。该语句必须位于类定义之前，并且可以多次使用，导入多个类。

⑥ 类(class)是整个源程序的核心部分，也是编写程序的地方。一个源程序文件至少要有一个类，也可以有多个类。每个类的内容是用一对大括号括起来的，有不同的名字，但是程序的文件名必须和程序主类的名字相同。主类是指 main()方法所在的类。class 是类的定义字，其后是类的名称，public 表示此类是公开的，其他程序也可以调用，文件的命名要与 public 类名一致。类的定义格式为：

public class 类名

```
{
        语句体
}
```

⑦ 方法:每个 Java 应用程序都要有且只有一个 main()方法,它是程序运行的开始点。main()方法的格式永远都是“public static void main(String args[])”。一个类中可以有多个方法,每个方法都有不同的名字,其定义格式为:

```
修饰符 方法名(参数)
{
        语句体
}
```

在方法的内部不可以再定义其他的方法,但是可以调用其他方法。

⑧ 语句:类或者方法中的语句体是由一条条以分号结尾的语句组成的。语句是 Java 程序的基本单位之一,是程序具体操作的内容。每条语句各占一行,以分号结尾。语句有赋值语句、调用方法语句和对象定义语句等多种形式。

⑨ Java 语言是严格区分大小写的语言,所以我们在书写语句时,一定要注意大小写不能混淆。

⑩ Java 注解语句共有 3 种形式:

单行注解语句“//”:注解内容从“//”开始,到行尾结束。

多行注解语句“/*… */”:注解内容从“/*”开始,到“*/”结束。

文档注解语句“/**…*/”:注解内容从“/**”开始,到“*/”结束。

⑪ 标识符由完整的单词或者一组单词组成,尽可能清楚的表达标识符所代表的含义。变量标识符以小写字母开头,不可以用数字开头,类名标识符的首个字母要大写。

⑫ Java 不支持指针、goto 语句及运算符重载、多重继承性,但可以实现多个接口。Java 是一个纯面向对象语言,因为 Java 中每个语句都写在类内,所有的数据类型,除了初等类型外,都是对象,如果使用对象,必须 new。

2.1.2 数据类型

使用计算机语言编程的主要目的是处理数据,但是现实生活中的数据多种多样,很难统一处理。为了解决这个难题,Java 语言把数据分类,再依据各种类型的数据的特点做出相应的处理。总体上，Java 将数据分成普通型数据和对象型数据两大类。

普通型数据又可以分成整数类型、浮点类型、逻辑类型和字符类型 4 种。

1. 整数类型

不含小数点的数字为整数类型数据，例如：－124、948、23、0 等。整数类型又根据数据所占内存的容量和表达数字的范围分为字节型(byte)、短整型(short)、整型(int)和长整型(long)共 4 种。

2. 浮点类型

含小数点的数字为浮点类型数据，例如：－38. 32、34. 00、87. 193 92 等。浮点类型又根据数据所占内存的容量和表达数字的范围分为浮点型(float)和双精度型(double)两种。除了普通的表示方法，浮点类型的数据还可以用科学计数法表示，例如：4. 2E8、－0. 3E12、87E－6

3. 逻辑类型

逻辑类型数据只有两个数值，true 和 false，表示“真”和“假”，或者“是”和“否”等对立的状态。

4. 字符类型

用一对单引号围起来的单个字符。

现将数据类型归纳如表 2-1 所示。

表 2-1　数据类型

数据类型	所占字节	范　围
byte	1	－128～127
short	2	－32 768～32 767
int	3	－231～231－1
long	8	－263～263－1
float	4	231
double	8	263
char	2	一个字符
string		一串字符
boolean	1	true or false

2.1.3 对象变量

Java 是一个纯面向对象语言,所有的数据类型,除了初等类型外,都是对象。对象型数据是对现实生活中具体事物的抽象总结。每一种对象型数据都具有其对应的类,用来定义该种对象型数据的共性和功能。最常用的对象型数据是字符串(String)类型数据。

1. String 类

String 类对象的定义方法有两类:

(1) 定义普通变量

虽然 String 是对象变量,但是也可以用普通变量的定义方法创建对象,格式为:

String 对象名= 字符串数据

例如:

```
String s = "hello";
```

(2) 定义对象变量

使用关键字 new 创建对象,其格式为:

类名 对象名= new 类名()

String 类的对象变量定义格式为:

String 对象名=new String(字符串数据)

例如:

```
String s = new String( "hello" );
```

语句表示定义一个 String 类的对象变量"s",其值为字符串"hello"。不论按照哪种方法,事实上都是创建 String 类的一个对象,用来保存和编辑字符串。

(3) String 类的方法

在 Java 语言中有两种类型的方法,一种是静态方法(static methods),另一种是实例方法(instance methods)。

1) 静态方法:也被称作类方法,是指那些只要定义了类,就可以通过类名调用的方法。调用静态方法的一般格式是:

类名.方法名()

valueOf()方法是 String 类中的一个静态方法,它的作用是将数字类型的数据转换为字符串型数据。我们在使用这个方法时,不需要创建 String 类的对象,可以直接用类名调用。例如:“String s = String. valueOf(83. 2934);”,表示将浮点型数据“83. 2934”转换为字符串型数据“83. 2934”,并保存在对象变量“s”中。再来看一个例子:

```
int i = 8;
String s = String.valueOf( i );
```

这两条语句表示将int型变量“i”中的“8”转换为字符串型数据“8”,并保存在对象变量“s”中。

2) 实例方法:是指那些要通过类的对象才能调用的方法。调用实例方法的一般格式是:

对象名.方法名()

toUpperCase()方法是String类中的一个实例方法,它的作用是读取对象保存的字符串,再将字符串转换为大写形式,例如:

```
String s = "hello";
String a = s.toUpperCase();
```

其中,对象变量“a”的值为“HELLO”。要注意的是,调用toUpperCase()方法的对象“s”中的值没有改变,依然是“hello”。

String类中还有许多对字符串进行操作的实例方法,例如,length()方法是计算字符串长度的,toLowerCase()方法是将字符串转换为小写形式等。我们不可能一一讲解,更不可能全部背熟,但是我们可以通过Java API来查找所需的方法。Java API可以在SUN公司的网站上浏览,其网址是:

http://java.sun.com/j2se/1.4.2/docs/api/index.html

Java语言本身定义了上千个类,每个类中又有许多方法,这些方法都可以在Java API中找到,可以说Java API就是Java语言的图书馆。借助Java API的帮助,我们可以轻松地掌握任何方法的使用方式。所以,我们必须养成经常查看Java API的帮助的习惯。

2. Math类

在数学计算中,我们经常需要进行一些较复杂的运算,为此,Java语言提供了Math类。Math类中的许多静态方法与C语言中的函数类似,可以进行求平方根、求幂等复杂数学计算。

(1) random()方法

随机产生一个大于等于0.0而小于1.0的double型数值,也就是说随机产生包括0.0而不包括1.0的数值。例如,随机产生一个0.0到10.0之间(包括0.0,

不包括 10.0)的 double 型数值的表达式为：

```
Math.random() * 10;
```

(2) abs(double x)方法

返回 x 的绝对值,数值可以是 int、long、float 和 double 型,例如：

```
double a=-92.22;
double b=Math.abs( a );
```

变量 b 的值为 92.22。

(3) pow(double x, double y)方法

返回 x 的 y 次幂值。x 可以是 int、long、float 和 double 型,但返回值为 double 型,例如：

```
System.out.println ( Math.pow ( 5, 2 ) );
```

语句的输出值为 25.0。

(4) sqrt(double x)方法

返回 x 的平方根。x 可以是 int、long、float 和 double 型,但返回值为 double 型,例如：

```
System.out.println ( Math.sqrt ( 81 ) );
```

语句的输出值为 9.0。

(5) Math.PI 表示最近似与 π 的 double 型数值

(6) round(double x)方法

返回 x 四舍五入后的值,x 可以是 double 和 float。

其他方法参见 Java API 帮助。

3. 字符串和数字的相互转换

(1) 数字转换为字符

使用 String 类静态方法 String.valueOf(),例如：

```
String s = String.valueOf(45);
```

或

```
String s = String.valueOf( 57.67 );
```

(2) 字符转换为数字

因为用户通过键盘输入的数字的类型为字符型,所以需要将其转换为数字。有 2 个静态方法可以将字符转换为数字：

一种是使用 Integer 类的 parseInt()静态方法,将字符代表的整数型数字转换为 int 型数值。格式为：

```
Integer.parseInt( String )
```

例如：

```
String s = "345";
int i = Integer.parseInt( s );
```

另一种是使用 Double 类的 parseDouble()静态方法，将字符代表的浮点型数字转换为 double 型数值。格式为：

```
Double.parseDouble( String )
```

例如：

```
String s = "34.35";
double d = Double.parseDouble( s );
```

4. 键盘输入数据

Java 语言除了具有输出数据的功能外，还具有输入数据的功能。输入数据的方法有多种，最常见的是键盘输入数据。

(1) 键盘输入字符

与输出语句 System.out.print()对应的输入语句是 System.in.read()，它们同属于 java.io 包，所以要先导入 java.io 包才可以使用 System.in.read()语句。System.in.read()可以读取通过键盘输入的一个字符，用户可以输入一个或者多个字符，然后按 Enter 键确定。System.in.read()语句只会读取第一个字符，然后继续运行后面的语句。

(2) 键盘输入字符串

如果需要通过键盘键入一个字符串，则可以通过创建 BufferedReader 类的对象来实现，方法如下：

```
BufferedReader in = new BufferedReader(new InputStreamReader(System.
in));
String s = in.readLine();
```

第一条语句的作用是创建一个字符串暂存区对象“in”，用于保存用户键入的字符串。in.readLine()的作用是读取保存在暂存区中的字符串。第二条语句的作用是通过对象“in”调用 BufferedReader 类中的一个实例方法 readLine()，来读取对象“in”中的字符串，并保存到 String 类的对象变量“s”中。对于初学 Java 的读者来说，要完全理解这两条语句的含义是十分困难的，但是我们可以简单地把“in”看成一个对象变量，该变量可以保存用户键入的字符串。

2.1.4　运算符

在Java语言中对一个表达式进行计算时,是按照运算符的优先级来决定执行的先后次序的,优先级高的先执行,优先级底的后执行。同一级别运算符,基本上都是从表达式的左边向右边依次执行。表2-2中由高到低地列出了Java语言中运算符的优先级。

表2-2　运算符优先级

优先级	运算符
优先由高到低	++ --
	! ~
	* / %
	+ -
	< > <= >=
	== !=
	&
	^
	|
	&&
	||
	?:
	= += -= *= /= %=

2.1.5　控制结构

1. if语句

(1) if语句形式之一

```
if（表达式）
{
    子语句体;
}
```

其中,表达式的值必须是布尔类型的,可以是布尔类型的常量、变量、关系表达式或者逻辑表达式。子语句体可以是一条语句或者多条语句,但是多条语句要用一对大括号括起来。子语句体中可包含Java语言中的任何语句。

(2) if语句形式之二

```
if (表达式)
{
    语句体;
}
else
{
    语句体;
}
```

其中表达式的值必须是布尔类型的,可以是布尔类型的常量或者变量、关系表达式、或者逻辑表达式。语句体可以是一条语句或者多条语句,但是多条语句要用一对大括号括起来。else语句不能单独作为一个独立的语句使用,它必须和if语句配对使用。

(3) if语句形式之三

```
if (表达式1)
{
    语句体1
}
else if (表达式2)
{
    语句体2
}
{
……
}
else if (表达式n)
{
    语句体n
}
else
{
    语句体n+1
}
```

2. switch语句

switch语句的完整形式为：

```
switch(表达式)
{
  case 常量1: 语句体1;break;
  case 常量2: 语句体2;break;
  case 常量3: 语句体3;break;
  …
  case 常量n: 语句体n;break;
  default: 语句体n+1;
}
```

3. while 语句

(1) while 语句形式

```
while(表达式)
{
  循环体;
}
```

其中表达式的值必须是布尔类型的,可以是布尔类型的常量或者变量、关系表达式、或者逻辑表达式。循环体可以是一条或者多条语句。多条语句时,要用大括号括起。如果在程序执行过程中,while 语句中表达式的值始终为 true,则循环体会被无数次执行,进入到无休止的"死循环"状态中。这种情况在编写程序时一定要避免。例如,表示式尽量不要使用布尔类型的常量。如果在第一次执行 while 语句时,表示式的值为 false,则不执行循环体,直接执行 while 语句下面的语句。

(2) while 循环语句形式之二

```
do
{
  循环体;
}while(表达式);
```

其中表达式的值必须是布尔类型的,可以是布尔类型的常量或者变量、关系表达式、或者逻辑表达式。循环体可以是一条或者多条语句。多条语句时,要用大括号括起。不论表达式的值是 true 还是 false,循环体中的语句至少被执行一次。

要注意:在 do-while 形式中,while(表达式)后边要有分号,而在 while 形式中,while 后面则不需要分号。while 语句和 do-while 语句没有本质的区别,在大多数情况下可以互相代替。

4. for 语句

(1) for 语句的形式

for 语句的形式为:

```
for(表达式1; 表达式2;表达式3)
{
  循环体;
}
```

循环体可以是一条或者多条语句。多条语句时,要用大括号括起。

表达式1是循环变量赋初值的表达式,循环体内使用的变量也可以在此定义或者赋初值。表达式 1 中可以并列多个表达式,但它们之间要用逗号隔开。

5. 带标号的跳转语句

(1) 带标号的 break 语句

如果要从多重循环语句的最内部,跳出整个多重循环,则必须使用带标号的 break 语句。标号一般定义在程序中外层循环语句的前面,用来标志该循环结构。标号的形式为:

标号名:

其中,标号名的命令要符合 Java 标识符的命名规则。break 语句后面添加该标号名即可跳出该循环结构,继续执行其下面的语句。

(2) 带标号的 continue 语句

如果要从多重循环语句的最内部,转移到外部循环语句,则必须使用带标号的 continue 语句。标号一般定义在程序中外层循环语句的前面,用来标志该循环结构。标号的形式为:

标号名:

其中,标号名的命令要符合 Java 标识符的命名规则。continue 语句后面添加该标号名即可转移到该循环结构,开始该循环的下一轮循环。

2.2 实训三 基本语法

2.2.1 场景分析

Toy 公司想开发一个客户联机购物站点。作为开发 Web 站点的第一步,必须能输入和显示客户以及玩具的相关信息,这里涉及一些基本的数据类型。

2.2.2 代码编写

```
class Toy
{
    int toyId;
```

```
    String toyName;
    float toyPrice;
    public Toy(int id,String name, float price)
    {
        toyId=id;
        toyName=name;
        toyPrice=price;
    }
    public void displayDetails()
    {
        System.out.println("Toy Id is:"+toyId);
        System.out.println("Toy Name is:"+toyName);
        System.out.println("Toy Price is:"+toyPrice);
    }
}
class Customer
{
    int custId;
    String custName;
    String custAddress;
    public Customer(int id,String name,String address)
    {
        custId=id;
        custName=name;
        custAddress=address;
    }
    public void displayDetails()
    {
        System.out.println("Customer Id is:"+custId);
        System.out.println("Customer Name is:"+custName);
        System.out.println("Customer Address is:"+custAddress);
```

```
    }
}
class OnlineCustomer extends Customer
{
        String loginId;
        String masterCardNo;
        public OnlineCustomer(int cId, String name, String
        address, String id, String cardno)
    {
        super(cId,name,address);
        loginId＝id;
        masterCardNo＝cardno;
    }
    public void displayDetails()
    {
        super.displayDetails();
        System.out.println("Customer login id is："＋loginId);
        System.out.println("Master Card No is："＋masterCardNo);
    }
}
public class Trial
{
    public static void main(String args\[])
    {
        OnlineCustomer cObj＝new
        OnlineCustomer(1001,"Carol","164, Redmond
        Way,Ohio","carol@usa.net","9473884833");
        Toy tObj＝new Toy(1001,"Barbie Doll",40);
        cObj.displayDetails();
        tObj.displayDetails();
```

```
    }
}
```

程序运行结果如图 2-1 所示。

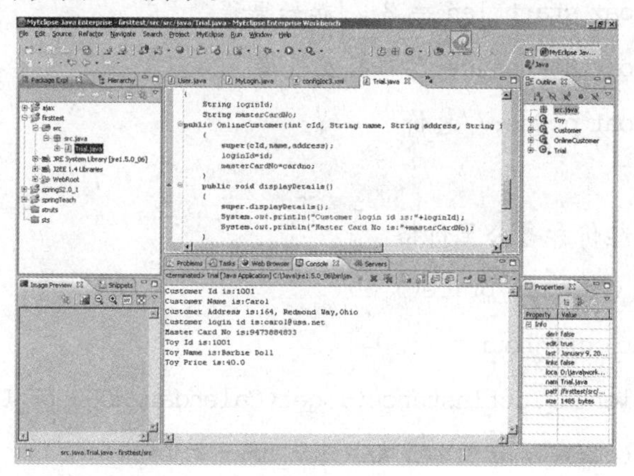

图 2-1　程序运行结果

2.3　实训四　循环控制

2.3.1　场景分析

编写出租车计费程序。具体要求是:在早 7：00～23：00,起价为 10 元,在 3 公里内收取起步价,超出的里程每公里收 1.2 元。如果不在这个时段,则起价为 11 元,在 3 公里内收取起步价,超出的里程每公里收 1.4 元(这里我们以行程 30 公里为例)。

2.3.2　代码编写

```
import java.util.*;

class Taxi {
```

```
    float len;//公里
    float start_price;//起价
    float start_len = 3;//起始里程
    float per_price;//每公里价格
    float price;//总价

//设置起价和每公里价格
public void set_price() {
    int curr_hour =
    Calendar.getInstance().get(Calendar.HOUR_OF_DAY);
    if(curr_hour >=7 && curr_hour <=23) {
        start_price = 10;
        per_price = 1.2f;
    }
    else {
        start_price = 11;
        per_price = 1.4f;
    }
}

public void calc(float len) {
    this.len = len;
    set_price();
    if(len <= start_len) price = start_price;
    else
        price = start_price + per_price * (len - start_len);

    //格式化输出结果
    // price = (float) (Math.floor(price * 100) / 100);
```

```
        price = Math.round(price);
    }

    public void show() {
        System.out.println("起价:" + start_price);
        System.out.println("起始公里:" + start_len);
        System.out.println("每公里价格:" + per_price);
        System.out.println("里程:" + len);
        System.out.println("======================
        =========");
        System.out.println("总价:" + price);
    }
}

public class CalcTaxi{
    public static void main(String[] args) {
        Taxi tal = new Taxi();
        intlen = 0;
        try {
            len = 30;
        }
            catch(NumberFormatException ee) {
            System.out.println("请输入合法公里数!");
            return;
        }
        tal.calc( len );
        tal.show();
    }
}
```

程序运行结果如图 2-2 所示。

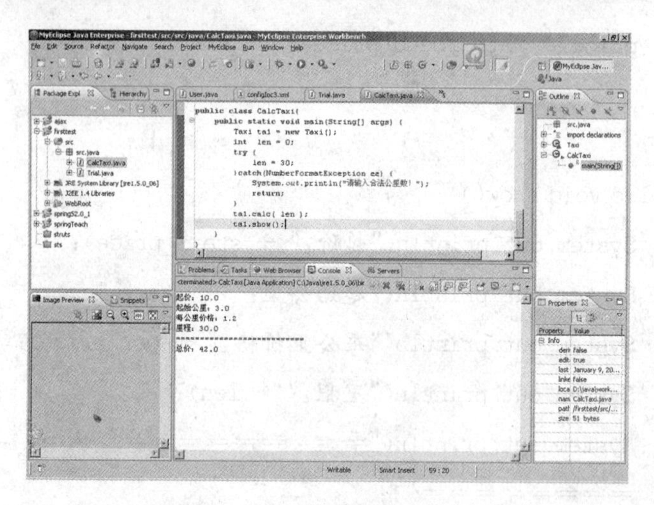

图 2-2　出租车计费程序运行结果

小结

本章主要讨论了Java的基本语法规则和循环控制语句。

指导练习

1. 阅读并补充程序

```
class Dealer
  {
        private String dealerID;
        private String dealerAddress;
        public Dealer()
        {
            dealerName="Carol";
            dealerAddress="21 Rock St., NY, 56417";
        }
        public voiddisplayDetails()
```

```
        {
            System.out.println("Dealer ID is"+dealerID);
            System.out.println("Dealer name is"+dealerName);
            System.out.println("Dealer address is"+dealerAddress);
        }
        public static void main(String args[])
        {
            Dealer dealerObj=new Dealer();
            dealerObj.displayDetails();
        }
}
```

2. 阅读并补充程序

```
class Item
{
        String item_name;
        int item_price; //in USD
        void displayDetails()
        {
            System.out.println("Book Name is:"+item_name);
            System.out.println("Book Price is:"+item_price);
        }
    }
    public class Book extends
    {
        String author_name;
        float seriesno;
        public Book()
        {
            item_name="Macbeth";
            item_price=10;
            author_name="Shakespeare";
            seriesno=1.0f;
        }
```

```
        void displayDetails()
        {
            System.out.println("Author Name is:"+author_name);
            System.out.println("Series Number is:"+seriesno);
        }
        public static void main(String args[])
        {

            bookobj.displayDetails();
        }
    }
```

独立练习

在给定的口令和用户情况下，用户输入相应的口令和用户名，如果正确，显示“Your name and password are right!”，否则，显示“Your name and password are not right!”。

第 3 章　Java 控件与类包

3.1　概念解析

Java 中用来把一些相关的类、接口放在一起的组织结构称为包,可分为系统包和自定义包。

3.1.1　系统包

Java 常用的包有:java. lang 包,java. applet 包,java. awt 包,java. io 包,javax. swing 包等。

包中也可以有子包,例如:java. awt. event 包。

一个包中的类的完全限定名是:包名. 子包名. 类名,如 java. lang. Sytem 类。

包的名字都小写,包名具有层次——分隔用句点。

常用的 Java 核心包如下。

1. java. lang 包

Object 类是 Java 中所有类的祖先类,类型有:

数据类型包装类(Boolean, Character, Double, Float, Integer, Long 等),数学类(Math),系统类(System)和运行时类(Runtime),字符串类(String, String-Buffer),异常处理类(Throwable, Exception, Error),线程类(Thread, Runnable 接口),类操作类(Class)。编程用到该包中的类时,无需使用 import 语句引入它们,编译器会自动引入。

2. java. applet 包

处理小程序与浏览器之间的相互作用,包括声音图像等多媒体的处理。

3. java. awt 包

图形界面设计相关的类与接口。

4. java. io 包

处理字节数据流(InputStream, OutputStream),字符数据流(Reader, Writer),文件操作类(File)等。

5. java. net 包

用于网络通信,实现网络功能。

6. java. sql 包

用于数据库操作的一些类。

7. java. util 包

日期时间类(Date, Calender),随机数类(Random),向量类(Vector),堆栈类(Stack),散列表类(Hashtable),Java Collections FrameworkJava 集合框架中的很多类和接口。

8. Java 扩展包

包名以 javax 开始的包,有:

- javax. swing 包,提供了接口组件如 JButton, JFrame, JLabel, JTextField 等;
- javax. swing. event 包,提供事件处理。

3. 1. 2 自定义包

包语句格式:

package 包名.子包名;

包语句必须是 Java 源文件中的第一条语句(除注释行外)。

没有包定义语句,则 Java 认为它在缺省包(没有包名的包)中。

3.1.3 引用包中的类

引用包的格式：
import 包名.类名；
import 包名.*；

3.1.4 Java 控件

Java 有很多控件，这里我们仅介绍几种常用的 JFrame、JPanel、标签(JLabel)、文本框(JTextField)、按钮(JButton)、密码输入框(JPasswordField)和文本区(JTextArea)的使用。

按钮、面板、标签、文本框、文本区和按钮等从父类继承或覆盖父类的方法很多，具体方法如下所示：

- setBackground(Color clr)；
- setForeground(Color. white)；
- setText(String s)；
- getText(String s)；
- setFont(Font font)；
- setToolTipText(String s)——设置提示文字；
- setBorder(Border border)——设置组件的边界。

1. JFrame

用来创建框架窗口，有如下方法：

- getcontentPane()；
- setVisible(boolean b)；
- setSize(int x,int y)等。

2. JPanel

提供组装其他控件的空间，是容器类，方法有：

- add(object b)。

3. 标签(JLabel)

(1) 标签类 javax. swing. JLabel
用来显示提示文字。

(2) 可以创建具有文字和图标的标签

使用 setIcon(Icon icon)方法设置标签的图标，使用实现了该接口的 javax.swing.IconImage 对象作为其参数，创建图标对象。

4. 密码输入框(JPasswordField)

接收用户的输入密码，是文本输入框的子类，可以响应回车动作事件。

getPassword()方法得到密码框输入的内容，返回值是字符数组。

5. 文本区 javax.swing.JTextArea

用来创建可输入多行文本的文本区，可以指定文本区的行数和列数。

使用方法 setLineWrap(true)可设置文本自动换行。

可给文本区增加滚动条，例如，若 pCenter 为面板，textArea 是一个文本区，则语句为：

```
pCenter.add(new JScrollPane(textArea));
```

3.2 实训五 控件的应用

3.2.1 场景分析

某软件公司为一物流公司开发物流管理系统，其中要求创建接收用户数据的界面。具体数据有：用户的姓名、年龄、电话、业务要求。业务要求允许用户有多种选择。

3.2.2 代码编写

首先确定所用控件及命名，如表 3-1 所示。

表 3-1

控件名	变量名	参数及属性值
JFrame	frameObject	My fisrt window

续表

控件名	变量名	参数及属性值
JPanel	panelObject	
JLabel	labelCustName	Customer Name
	labelCustCellNo	Cell Number
	labelCustPackage	Package
	labelCustAge	Age
JTextField	textCustName	30
	textCustCellNo	15
	textCustAge	2
JComboBox	comboCustPackage	

编写代码如下：

```
//Customer.java
import javax.swing.*;
public class Customer
{
  //Variable for frame window
  static JFrame frameObject;
  static JPanel panelObject;

  //variables of labels
  JLabel labelCustName;
  JLabel labelCustCellNo;
  JLabel labelCustPackage;
  JLabel labelCustAge;

  //variables for data entry controls
  JTextField textCustName;
  JTextField textCustCellNo;
  JComboBox comboCustPackage;
  JTextFieldtextCustAge;

  public static void main(String args[])
  {
    Customercust=new Customer();
```

```
        frameObject.setVisible(true);
        frameObject.setSize(400,300);
    }
    public Customer()
    {
        // Add the appropriate controls to the frame in the constructor
        //Create a frame
        frameObject=new JFrame();
        //Create a panel

        panelObject = new JPanel();
        frameObject.getContentPane().add(panelObject);
        //Create and add the appropriate controls

        //Initializing labels
        labelCustName = new JLabel("Customer Name: ");
        labelCustCellNo = new JLabel("Cell Number: ");
        labelCustPackage = new JLabel("Package: ");
        labelCustAge = new JLabel("Age: ");

        //Initializing data entry controls
        textCustName = new JTextField(30);
        textCustCellNo = new JTextField(15);
        textCustAge = new JTextField(2);
        String packages[] = { "Executive", "Standard"};
        comboCustPackage = new JComboBox(packages);

        //Adding controls for customer name
        panelObject.add(labelCustName);
        panelObject.add(textCustName);

        //Adding controls for cell number
        panelObject.add(labelCustCellNo);
        panelObject.add(textCustCellNo);
```

```
        //Adding controls for Package
        panelObject.add(labelCustPackage);
        panelObject.add(comboCustPackage);

        //Adding controls for customer age
        panelObject.add(labelCustAge);
        panelObject.add(textCustAge);

    }
}
```

程序运行结果如图 3-3 所示。

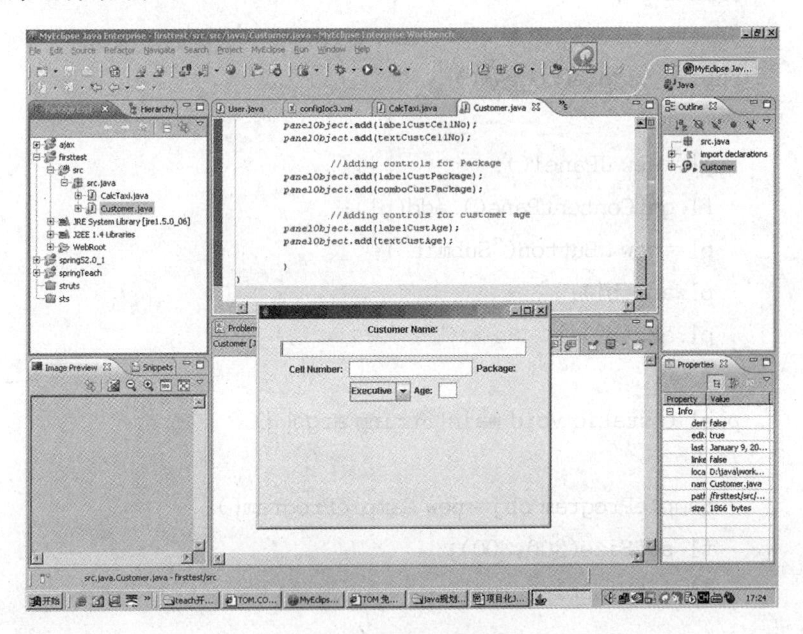

图 3-3　程序运行结果

小结

本章主要介绍了 Java 常用的一些类包以及每个类包的主要内容，同时也介绍了一些常用组件（控件）的特点和用途，最后我们给出了一个实例来说明它们的用法。

指导练习

1. 阅读并补充程序

```
import javax.swing.*;
public class SampleProgram
{
  static JFrame f1;
  JPanel p1;
  JButton b1,b2;
  public SampleProgram()
  {
    p1=new JPanel();
    f1.getContentPane().add(p1);
    b1=new JButton("Submit");
    p1.add(b1);
    p1.add(b2);
  }
  public static void main(String args[])
  {
    SampleProgram obj=new SampleProgram();
    f1.setSize(300,300);
    f1.setVisible(true);
  }
}
```

2. 阅读并补充程序

```
import java.awt.*;
import javax.swing.*;
public class Trial
{
  JTextField tf1,tf2;
```

```
static JFrame f1;
JPanel p1;
public static void main(String args[])
{
  f1=new JFrame("Sample Frame");
  f1.setVisible(true);
  f1.setSize(300,300);
}
public Trial()
{
  p1=new JPanel();
  tf1=new JTextField(10);
  tf2=new JTextField(10);
  tf1.setText("Hello World");
  Font myfont=new Font ("Times New Roman", Font.BOLD, 18);
  tf2.setFont(myfont);
  tf2.setText("Hello World");
  p1.add(tf1);
  p1.add(tf2);
 }
}
```

独立练习

创建一个用户界面以接受 VCD 资料，数据资料项目有：歌曲名称、演员姓名、流派、价格，且允许用户在流派的组合框中加入项目。

第 4 章　Java Applets 程序

4.1　概念解析

Java 程序有两种，一是应用程序，二是 Applets 小程序。应用程序是能独立运行的程序单位，前面已讲了一些。但是 Applets 程序则不行，它只能嵌入到一个 HTML 页面中，并通过 Web 浏览器下载和执行。Applets 程序的执行方式不同于应用程序，一个应用程序是从它的 main()方法被调用开始的，而 Applet 不使用 main()方法，它的生命周期相对来说要复杂得多。本章将分析 Applet 程序如何运行，如何被装载到浏览器中以及它是如何被编写的。

Java 中提供了 Applet 和 JApplet 两个类来编写 Java 小程序，下面将讨论这两个类所提供的方法，它们分别是 init()，start()，stop()，destroy()和 paint()方法。浏览器调用 init()对 Applet 进行基本的初始化操作，init()结束后，浏览器调用另一个 start()的方法，之后调用 pain()方法。如果用户离开该网页，使该网页成为不活动网页或最小化窗口则 stop()方法被调用。当用户离开 Applet 所在网页一段时间后，又重新回到网页时，再次执行 start()和 paint()方法。当用户真正离开浏览器时先执行 stop()方法，再执行 destroy()方法。start()通常在 Applet 成为可见时被调用，方法 init()和 start()都是在 Applet 成为"活动的"之前运行完成的。

Applet 小程序的建立和运行，其建立方法与 Java 程序类似，首先将 Java 编译为. class 文件，然后再把它加入到 HTML 文件中，如图 4-1 所示。然后将源程序. 此文件保存为 xxx. htm 类型，双击打开该文件即可运行。

```
<html>
<applet code="程序名.class" width=窗口宽度 height=窗口高度>
</applet>
</html>
```

图 4-1　在 HTML 中应用 Applet

4.2 实训六 Applet 的创建与应用

4.2.1 场景分析

某 VideoCD shop 需要设计一个 Applet 小程序，用来跟踪记录它停止和启动的次数。

4.2.2 代码编写

```
import javax.swing.*;
public class VideoCD extends JApplet
{
    //Variable for the panel
    staticJPanelpanelObject;
    int stopCount;
    int startCount;
    //Variables of labels
    JLabellabelVideoCDNo;
    JLabellabelVideoCDName;
    JLabellabelGenre;
    JLabellabelArtist;
    //Label for the image
    JLabellabelImagePosition;
    //Label to display count
    JLabellabelCount;

    //Variables for data entry controls
    JTextFieldtextVideoCDNo;
    JTextFieldtextVideoCDName;
    JComboBoxcomboGenre;
    JTextFieldtextArtist;
```

```
public void init()
{
    //Create panel
    panelObject = new JPanel();
    getContentPane().add(panelObject);

    // Initializing labels
    labelVideoCDNo = new JLabel("Video CD Number");
    labelVideoCDName = new JLabel(" Name");
    labelGenre = new JLabel("Package");
    labelArtist = new JLabel("Artist");
    labelCount=new JLabel();
    Icon logoImage = new
    ImageIcon("c:\\ Images\\VideoCD.gif");
    labelImagePosition = new JLabel(logoImage);
    //Initializing TextField
    textVideoCDNo = new JTextField(15);
    textVideoCDName = new JTextField(30);
    textArtist = new JTextField(30);

    String genres[] = { "Rock", "Pop","Classical","Rap"};
    comboGenre = new JComboBox(genres);
    //Addingimage to the applet
    panelObject.add(labelImagePosition);
    //Adding controls for Video CD No
    panelObject.add(labelVideoCDNo);
    panelObject.add(textVideoCDNo);
    //Adding controls for Video CD Name
    panelObject.add(labelVideoCDName);
    panelObject.add(textVideoCDName);

    //Adding controls for genre
    panelObject.add(labelGenre);
```

```
        panelObject.add(comboGenre);

        //Adding controls for Customer Age
        panelObject.add(labelArtist);
        panelObject.add(textArtist);

        //Adding the label for count
        panelObject.add(labelCount);

    }
    public void start(){
        //Increment startCount by 1
        startCount++;

        //Show the updated count
        String count="Start count is "+startCount+" Stop count
        is"+stopCount;
        labelCount.setText(count);
    }
    public void stop(){
        //Increment stopCount by 1
        stopCount++;
        String count="Stop count is "+stopCount+" Start count
        is"+startCount;
        labelCount.setText(count);
    }
}
```

编译为 VideoCD.class,然后创建 HTML 文件,保存为 VideoCD.htm。程序运行结果如图 4-2 所示。

```
<html>
<applet code="VideoCD.class"width=300 height=400>
</applet>
</html>
```

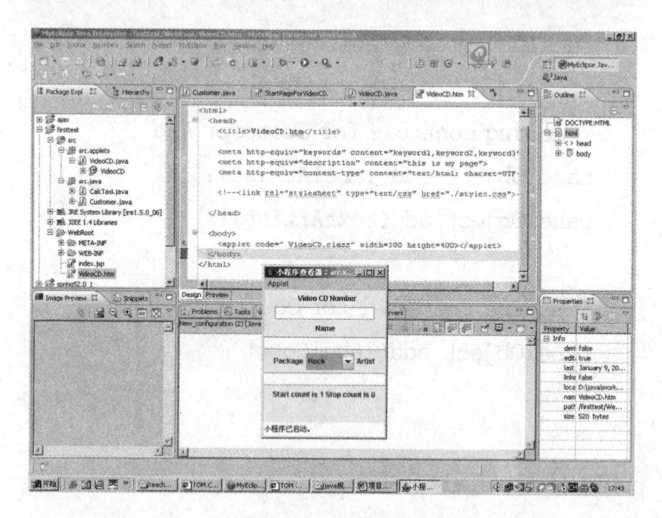

图 4-2　程序运行结果

4.3　实训七　加载图片

4.3.1　场景分析

编写 Applet 程序，将公司的标志与客户材料一同显示，图片格式为 gif 和 jpg。

4.3.2　代码编写

```
import javax.swing.*;
public class Clientextends JApplet
{
    //Variable for the panel
    staticJPanelpanelObject;
    JLabellabelClintNo;
    JLabellabelClientName;
    JLabellabelClientSex;
    JLabellabelClientCity;
    //Label for the image
```

```
JLabellabelImagePosition;

//Variables for data entry controls
JTextFieldtextClientNo;
JTextFieldtextClientName;
JComboBoxcomboClientCity;
JTextFieldtextClientSex;

public void init()
{
    //Create panel
    panelObject = new JPanel();
    getContentPane().add(panelObject);

    // Initializing labels
    labelClientNo = new JLabel("ClientNumber");
    labelClientName = new JLabel(" Name");
    labelClientCity= new JLabel("City");
    labelClientSex= new JLabel("Sex");
    Icon logoImage = new
    ImageIcon("images\\VideoCD.gif");
    labelImagePosition = new JLabel(logoImage);
    //Initializing TextField
    textClientNo = new JTextField(15);
    textClientName = new JTextField(30);
    textClientCity= new JTextField(30);

    String genres[] = { "HEFEI", "NANJING","LIUAN","AN
    QING"};
    comboClientCity= new JComboBox(genres);
    //Addingimage to the applet
    panelObject.add(labelImagePosition);
    //Adding controls for Video CD No
    panelObject.add(labelClientNo);
```

```
            panelObject.add(textClientNo);
            //Adding controls for Video CD Name
            panelObject.add(labelClientName);
            panelObject.add(textClientName);

            //Adding controls for genre
            panelObject.add(labelClientCity);
            panelObject.add(comboClientCity);

            //Adding controls for Customer Age
            panelObject.add(labelClientSex);
            panelObject.add(textClientSex);

        }
    }
```

编译为 Client.class，然后创建 HTML 文件，保存为 Client.htm。

```
<html>
<applet code="Client.class"width=300 height=400>
</applet>
</html>
```

程序运行结果如图 4-3 所示。

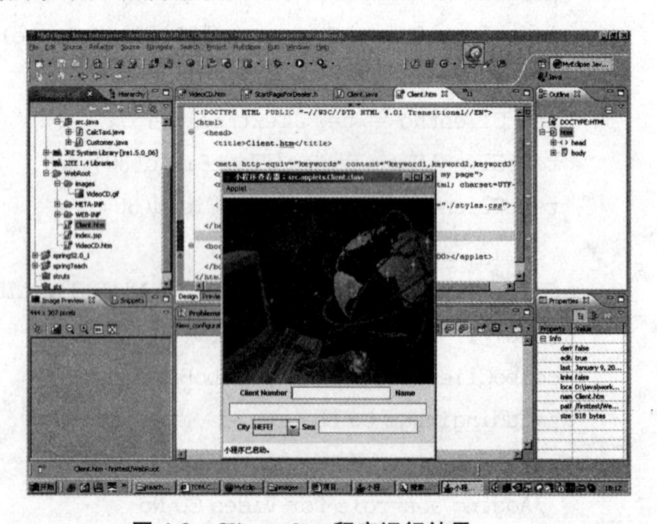

图 4-3　Client.class 程序运行结果

小结

在本章中，强调 Applet 是嵌入在 Web 页面中的在浏览器上它运行的程序，并讨论了与应用程序之间的差别。为创建 Applet，需从 javax. swing 或者 java. applet包的 JApplet 或 applet 类中继承，解释 Applet 的生命周期（init()，start()，stop()和 destroy()）以及创建 HTML 文件的基本格式和要求。

指导练习

1. 阅读并补充程序

```
import javax. swing. * ;
public class Dealer extends JApplet
{
    //Variable for the panel
    JPanelpanelObject;

    //Variables of labels
    JLabellabelDealerCellNo;
    JLabellabelDealerName;
    JLabellabelDealerAddress;
    JLabellabelDealerScheme;

    //Variables for data entry controls
    JTextFieldtextDealerCellNo;
    JTextFieldtextDealerName;
    JComboBoxcomboDealerScheme;
    JTextFieldtextDealerAddress;

    public void init()
    {
```

```
        // Add appropriate controls to the frame
        //Create panel
        panelObject = new JPanel();

        //Create and add the appropriate controls
        // Initializing labels
        labelDealerCellNo = new JLabel("Cell Number");
        labelDealerName = new JLabel(" Name");
        labelDealerScheme = new JLabel("Scheme");
        labelDealerAddress = new JLabel("Address");

        //Initializing textfield
        textDealerCellNo = new JTextField(15);
        textDealerName = new JTextField(30);
        textDealerAddress = new JTextField(30);

        String schemes[] = { "Discount", "Standard"};
        comboDealerScheme = new JComboBox(schemes);

        //Adding controls for cell Number
        panelObject.add(labelDealerCellNo);
        panelObject.add(textDealerCellNo);

        //Adding controls for Dealer Name
        panelObject.add(labelDealerName);
        panelObject.add(textDealerName);

        //Adding controls for Dealer Package
        panelObject.add(labelDealerScheme);
        panelObject.add(comboDealerScheme);

        //Adding controls for Dealer Address
        panelObject.add(labelDealerAddress);
        panelObject.add(textDealerAddress);
    }
    public void destroy(){
        showFrame();
```

```
}
public void showFrame(){
    JFrame frame = new JFrame("Dealer Details");
    //Variables of labels
    JLabellabelDealCellNo;
    JLabellabelDealName;
    JLabellabelDealAddress;
    JLabellabelDealScheme;

    //Variables for data entry controls
    JTextFieldtextDealCellNo=new JTextField(10);
    JTextFieldtextDealName=new JTextField(15);
    JTextFieldtextDealScheme=new JTextField(15);
    JTextFieldtextDealAddress=new JTextField(25);
    textDealCellNo.setText(textDealerCellNo.getText());
    textDealName.setText(textDealerName.getText());
    textDealAddress.setText(textDealerAddress.getText());
        textDealScheme.setText(String.valueOf(comboDealer
        Scheme.getSelectedItem()));
    labelDealCellNo = new JLabel("Cell Number");
    labelDealName = new JLabel(" Name");
    labelDealScheme = new JLabel("Scheme");
    labelDealAddress = new JLabel("Address");

    JPanel panel=new JPanel();
    //add panel to the frame


    //Adding controls for cell Number
    panel.add(labelDealCellNo);
    panel.add(textDealCellNo);

    //Adding controls for Dealer Name
    panel.add(labelDealName);
    panel.add(textDealName);

    //Adding controls for Dealer Package
```

```
            panel.add(labelDealScheme);
            panel.add(textDealScheme);

            //Adding controls for Dealer Address
            panel.add(labelDealAddress);
            panel.add(textDealAddress);

            frame.setSize(200,200);
        }
    }
```

2. 阅读并补充程序

```
import java.awt.*;
import javax.swing.*;
public class DailyDairy extends JApplet
{
    JPanel panelObj;
    JLabel labelTask;
    JButton buttonStore,buttonDisplay;
    JComboBox comboTaskList;
    JLabel labelStatus;
    public DailyDairy()
    {
        panelObj=new JPanel();
        getContentPane().add(panelObj);
        labelTask =new JLabel("Task List:");
        String taskMessage[]={"9.00 AM Meeting on SEI - CMM", "
        1.00 PM Submit bug report for project to the Manager", "
        Book cakes for the Birthday Party", "Book tickets for New
        York flight"};
        comboTaskList =new JComboBox(taskMessage);
        panelObj.add(labelTask);
        panelObj.add(comboTaskList);
        labelStatus=new JLabel();
        buttonStore =new JButton("Store Schedule");
```

```
        buttonDisplay =new JButton("Display Status");
        panelObj.add(buttonStore);
        panelObj.add(buttonDisplay);
        panelObj.add(labelStatus);
    }
    public void init()
    {

    }
    public void start()
    {
        getAppletContext().showStatus("Hi!!! You'll do it");
    }
    public void stop()
    {
        getAppletContext().showStatus("Will be back again to re
        mind you");labelStatus.setText("Unknown");
    }
    public void paint(Graphics g)
    {
        labelStatus.setText(String.valueOf(comboTaskList.get
        ItemCount()));
    }
}
```

独立练习

编写获得供应商个人信息程序。要求带有显示供应商个人信息的窗口应在关闭 Applet 时显示，并在 Applet 上显示“要获得供应商个人信息，请关闭此窗口”和在此状态栏上显示当前日期。

第5章 布局管理器

5.1 概念解析

Java的图形用户界面(graphics user interface,GUI)是由容器和组件构成的。设计图形用户界面主要分两个步骤,首先是选取适当的组件组成图形界面,如按钮、文本框、列表等;然后是设计布局,将组件放到容器中应该放的位置。

布局控制是通过容器的布局管理器实现的。Java共有7种基本的布局管理器,它们分别为:FlowLayout(流式布局)、BorderLayout(边框布局)、GridLayout(网格布局)、CardLayout(卡片布局)、GridBagLayout(网格包布局)、BoxLayout(盒布局)和null(空布局),其中前5个来自AWT,第6个来自Swing。

5.1.1 流式布局

FlowLayout(流式布局)是最简单的布局管理器,它也是容器JPanel,JApplet和JFrame的默认布局管理器。该布局管理器将组件按照添加时的次序由左到右排列,一行放满后自动开始新的一行。

FlowLayout类的构造方法有以下3种。

1. public FlowLayout( )

以默认的居中排列和默认的5像素的水平间距和5像素的垂直间距构造一个新的FlowLayout。

2. public FlowLayout(int alignment)

以指定的排列方式和默认的5像素的水平间距和5像素的垂直间距构造一个新的FlowLayout。

3. public FlowLayout(int alignment,int hGap,int vGap)

以指定的排列方式、水平间距和垂直间距构造一个新的 FlowLayout 其中构造方法的参数 alignment 是对齐方式,该参数可选 FlowLayout. LEFT、FlowLayout. RIGHT 和 FlowLayout. CENTER。参数 hGap 和参数 vGap 分别表示水平间距和垂直间距,单位是像素。

要将布局策略设置为 FlowLayout 布局方法为:

- SetLayout(new FlowLayout())。

使用该种布局向容器中加入组件的方法为:

- add(Component component)。

5.1.2 边框布局

BorderLayout(边框布局)也是一种简单布局,它把容器划分为东、南、西、北和中间 5 个区域,将各个组件放置到所指定的区域中。

BorderLayout 的构造方法如下。

1. public BorderLayout(int hGap,int vGap)

以指定的组件之间的水平间距和垂直间距构造新的 BorderLayout。

2. public BorderLayout( )

以默认的水平间距和垂直间距构造 BorderLayout,默认的间距为 0。

使用该种布局向容器中加入组件的方法如下:

```
add(Component component,int index);
```

其中,index 的取值可以为 BorderLayout. EAST、BorderLayout. SOUTH、BorderLayout. WEST、BorderLayout. NORTH 或 BorderLayout. CENTER。

5.1.3 网格布局

GridLayout(网格布局)布局管理器将容器划分为若干行和若干列的网格框,组件被放置到小网格区中。组件首先被添加到网格的最顶行,从左往右排满后再排第二行,以此类推。

GridLayout 的构造方法如下。

1. public GridLayout(int rows,int cols,inthGap,int vGap)

以指定的行数、列数,以及指定的组件之间的水平和垂直间距构造新的 GridLayout。

2. public GridLayout(int rows,int cols)

以指定的行数、列数构造新的 GridLayout,水平和垂直间距为 0。

3. public GridLayout()

一行一列的 GridLayout 布局。

5.1.4 卡片布局

CardLayout(卡片布局)可使容器容纳多个组件,所有的组件如同一张张卡片那样堆叠在一起,每次只能看到最上面的一张,而要看到其他的组件就要调用相应的方法。

CardLayout 类的构造方法如下。

1. public CardLayout()

以默认的水平和垂直间距创建一个新的 CardLayout 对象,默认间距为 0。

2. public CardLayout(int hGap,int vGap)

以指定的水平和垂直间距创建 CardLayout 对象。

把组件添加到 CardLayout 布局的容器中,方法如下:

- add(Component component,String name)。

其中参数 name 为容器中的组件提供一个名称。

要查看容器中所有的组件,可以使用 CardLayout 提供的如下方法:

- first(Container container)显示容器 container 中的第一个组件。
- last(Container container)显示容器 container 中最后一个组件。
- next(Container container)显示容器 container 中下一个组件。
- previous(Container container)显示容器 container 中上一个组件。
- show(Container container,String name)显示容器 container 中指定名称的组件。

5.1.5 网格包布局

GridBagLayout(网格包布局)是对 GridLayout 的扩展。GridLayout 布局管理器中的每个小网格大小相同,放置的组件大小也是相同的,因此,这种布局就不够灵活了。GridBagLayout 布局管理器中的单元格大小与显示的位置都可以调整,一个组件可以占用一个或多个单元格。

在 GridBagLayout 布局策略中,需要用 GridBagConstraints 来指定放置到容器中的每个组件布局,即组件的大小和位置。

GridBagConstraints 类中有关指定组件大小和位置的属性如下:

- gridx 和 gridy 指定组件所放置位置的左上角坐标,该坐标的单位是行数和列数。例如,gridx=2,gridy=3 表示组件以第 2 行第 3 列的网格为其左上角。
- gridwidth 和 gridheight 指定组件占用的列数和行数的数量。
- weightx 和 weighty 指定每列所有组件的最大列宽(weightx)和每行所有组件的最大行高(weighty),默认值为 0。如果所有的 weighty 为 0,则该行的行高不会随容量垂直扩展而增大;只要该组件中有一个组件的 weighty 大于 0,则该行的行高将随容器垂直扩展而增高。weight 也是如此。
- fill 当组件的原始大小比它分配到的实际大小要小时,该属性可重新确定组件大小。它的取值有:

① GridBagConstraints. NONE(组件保持原始大小,也是默认值)。

② GridBagConstraints. HORIZONTAL(组件在水平方向扩展)。

③ GridBagConstraints. VERTICAL(组件在垂直方向扩展)。

④ GridBagConstraints. BOTH(组件两个方向扩展)。

anchor 指定当组件没有填充全部区域时,它在显示区域中摆放位置。它的取值有:

① GridBagConstraints. CENTER(组件在区域中心,也是默认值)。

② GridBagConstraints. NORTH(组件在区域的北部)。

③ GridBagConstraints. SOUTH(组件在区域的南部)。

④ GridBagConstraints. EAST(组件在区域的东部)。

⑤ GridBagConstraints. WEST(组件在区域的西部)。

⑥ GridBagConstraints. NORTHEAST(组件在区域的东北部)。

⑦ GridBagConstraints. SOUTHEAST(组件在区域的东南部)。

⑧ GridBagConstraints. NORTHWEST(组件在区域的西北部)。

⑨ GridBagConstraints.SOUTHWEST(组件在区域的西南部)。

5.1.6 盒布局

BoxLayout(盒布局)是定义在javax.swing包中的布局的管理器,它将容器中的组件按水平方向排成一行或按垂直方向排成一列。当组件排成一行时,每个组件可以有不同的宽度;当组件排成一列时,每个组件可以有不同的高度。

BoxLayout类的构造方法如下:

● BoxLayout(Container container,int axis)。

其中,axis指明组件的排列方向,它可取值BoxLayout.X_AXIS或BoxLayout.Y_AXIS,分别表示按水平方向排列和按垂直方向排列。

5.1.7 空布局

null(空布局)。该布局的策略需要程序开发人员为每个组件设置大小和位置。由于大小和位置都采用绝对数字,所以当窗口大小发生改变时设计好的界面也会发生变化。

要精确的设置组件的大小和位置需要调用组件的setBounds()方法:

● component.setBounds(int top, int left, int width, int height)。

5.2 实训八 简单布局管理

5.2.1 场景分析

第3章实训五接受用户数据的界面组织的不是很好,它采用的是默认的流式布局,运行时当窗口大小发生变化的时候,界面也随之发生变化。下面我们利用网格包布局管理器从新组织这些组件使得所有的标签组件和数据入口组件出现的分离的列上。

5.2.2　代码编写

```
// Customer.java
import javax.swing.*;
import java.awt.*;
public class Customer
{
    //Variable for frame window
    static JFrame frameObject;
    static JPanel panelObject;
    //variables of labels
    JLabel labelCustName;
    JLabel labelCustCellNo;
    JLabel labelCustPackage;
    JLabel labelCustAge;

    //variables for data entry controls
    JTextFieldtextCustName;
    JTextFieldtextCustCellNo;
    JComboBoxcomboCustPackage;
    JTextFieldtextCustAge;

    //variables for the layout
    GridBagLayout gbObject;
    GridBagConstraints gbc;

    public static void main(String args[])
    {
      Customer cust=new Customer();
      frameObject.setVisible(true);
      frameObject.setSize(400,300);
    }
```

```
public Customer()
{
  // Add the appropriate controls to the frame in the
  //constructor
  //Create a frame
  frameObject=new JFrame();
  //Create a panel
  panelObject = new JPanel();
  frameObject.getContentPane().add(panelObject);

  //Create and add the appropriate controls

  //Initializing the layout variables
  gbObject=new GridBagLayout();
  gbc=new GridBagConstraints();
  panelObject.setLayout(gbObject);

  //Initializing labels
  labelCustName = new JLabel("Customer Name: ");
  labelCustCellNo = new JLabel("Cell Number: ");
  labelCustPackage = new JLabel("Package: ");
  labelCustAge = new JLabel("Age: ");

  //Initializing data entry controls
  textCustName = new JTextField(30);
  textCustCellNo = new JTextField(15);
  textCustAge = new JTextField(2);
  String packages[] = { "Executive", "Standard"};
  comboCustPackage = new JComboBox(packages);

  //Adding controls for customer name
  gbc.anchor =GridBagConstraints.NORTHWEST;
  gbc.gridx=1;
  gbc.gridy=1;
```

```
gbObject.setConstraints(labelCustName,gbc);
panelObject.add(labelCustName);

gbc.anchor =GridBagConstraints.NORTHWEST;
gbc.gridx=2;
gbc.gridy=1;
gbObject.setConstraints(textCustName,gbc);
panelObject.add(textCustName);

//Adding controls for cell number
gbc.anchor =GridBagConstraints.NORTHWEST;
gbc.gridx=1;
gbc.gridy=2;
gbObject.setConstraints(labelCustCellNo,gbc);
panelObject.add(labelCustCellNo);

gbc.anchor =GridBagConstraints.NORTHWEST;
gbc.gridx=2;
gbc.gridy=2;
gbObject.setConstraints(textCustCellNo,gbc);
panelObject.add(textCustCellNo);

//Adding controls for Package

gbc.anchor =GridBagConstraints.NORTHWEST;
gbc.gridx=1;
gbc.gridy=3;
gbObject.setConstraints(labelCustPackage,gbc);
panelObject.add(labelCustPackage);
gbc.anchor =GridBagConstraints.NORTHWEST;
gbc.gridx=2;
gbc.gridy=3;
gbObject.setConstraints(comboCustPackage,gbc);
panelObject.add(comboCustPackage);
```

```
            //Adding controls for customer age
            gbc.anchor =GridBagConstraints.NORTHWEST;
            gbc.gridx=1;
            gbc.gridy=4;
            gbObject.setConstraints(labelCustAge,gbc);
            panelObject.add(labelCustAge);
            gbc.anchor =GridBagConstraints.NORTHWEST;
            gbc.gridx=2;
            gbc.gridy=4;
            gbObject.setConstraints(textCustAge,gbc);
            panelObject.add(textCustAge);
        }
    }
```

程序运行结果如图 5-1 所示。

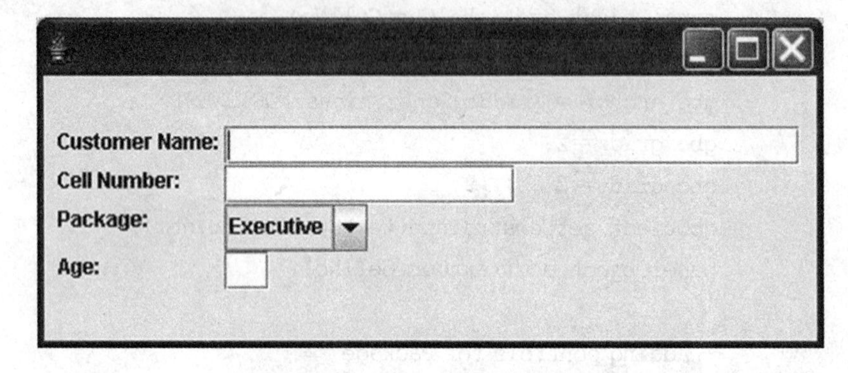

图 5-1　实训八的运行结果

5.3　实训九　组合布局管理

5.3.1　场景分析

创建一个简单的计算器,用户可在该界面内输入相应的数据,选择要进行的运算,单击运算按钮即可在结果文本框中显示出运算结果。这里我们先设计界面部分,关于运算部分如何设计我们将在第 6 章介绍。

通过对图5-2的分析,我们可以考虑采用组合布局管理的方法来设计界面。组合布局并不是一个新的布局管理器,它是通过结合各种布局管理器的优点,将它们组合地应用在GUI程序界面的开发中。这是一种布局管理的方法,也可以说是一种GUI程序界面的开发技巧。

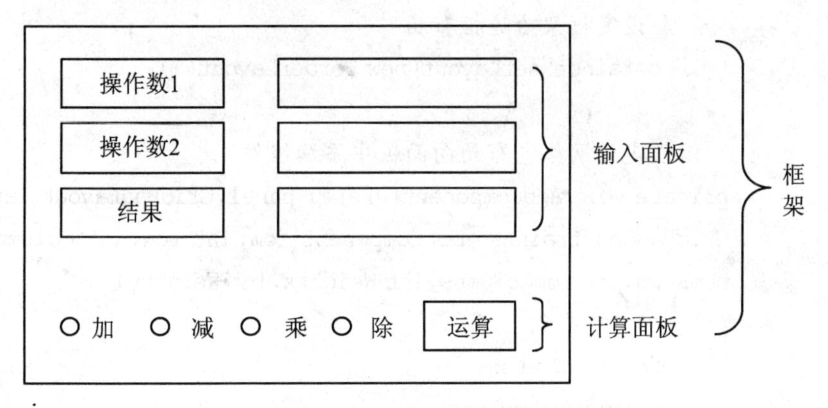

图5-2 计算机窗口布局

5.3.2 代码编写

```
import java.awt. * ;
import javax.swing. * ;
public class CalculatorDemo extends JFrame
{
    private JLabel lbOpData1,lbOpData2,lbResult;
    private JTextField tfOpData1,tfOpData2,tfResult;
    private JRadioButton rdbAdd,rdbSubtration,rdbMultiply,rdbDi-
    vision;
    private ButtonGroup btg;
    private JPanel InputPanel,CalculatorPanel;
    private JButton tbCalculate;
    private GridBagLayout inputLayout;
    private GridBagConstraints constraints;
    private Container container;

    publicCalculatorDemo()
    {
```

```
        super("简单计算器");
        setSize(350,200);
        setDefaultCloseOperation(JFrame.EXIT_ON_CLOSE);
        container=this.getContentPane();
        //设定框架为边框布局
        container.setLayout(new BorderLayout());
    }
    //以设定的网格包布局向面板中添加组件
    private void AddComponent(JPanel panel,GridBagLayout layout,
    GridBagConstraints gbc,Component com,int row,int column,int
    numRows,int numColumns,int Weightx,int Weighty)
    {
        gbc.gridx=row;
        gbc.gridy=column;
        gbc.gridwidth=numRows;
        gbc.gridheight=numColumns;
        gbc.weightx=Weightx;
        gbc.weighty=Weighty;
        layout.setConstraints(com,gbc);
        panel.add(com);
    }
    public void setLayout()
    {
        //设定输入面板为网格包布局
        InputPanel=new JPanel();
        inputLayout=new GridBagLayout();
        InputPanel.setLayout(inputLayout );
        constraints=new GridBagConstraints();
        //初始化输入面板中的6个组件
        lbOpData1=new JLabel("操作数1");
        lbOpData2=new JLabel("操作数2");
        lbResult=new JLabel("结果");
        tfOpData1=new JTextField(10);
        tfOpData2=new JTextField(10);
```

```
tfResult=new JTextField(10);
//将上面的6个组件添加到输入面板中
AddComponent(InputPanel,inputLayout,constraints,lbOpDa
ta1,0,0,1,1,20,0);
AddComponent(InputPanel,inputLayout,constraints,tfOpDa
ta1,1,0,1,1,80,100);
AddComponent(InputPanel,inputLayout,constraints,lbOpDa
ta2,0,1,1,1,20,0);
AddComponent(InputPanel,inputLayout,constraints,tfOpDa
ta2,1,1,1,1,80,100);
AddComponent(InputPanel,inputLayout,constraints,lbRe
sult,0,2,1,1,20,0);
AddComponent(InputPanel,inputLayout,constraints,tfRe
sult,1,2,1,1,80,100);

//设定计算面板为网格布局
CalculatorPanel=new JPanel();
CalculatorPanel.setLayout(new GridLayout(1,5));
//初始化计算面板上的5个组件
rdbAdd=new JRadioButton("加");
rdbSubtration=new JRadioButton("减");
rdbMultiply=new JRadioButton("乘");
rdbDivision=new JRadioButton("除");
tbCalculate=new JButton("运算");
//将加减乘除4个单选按钮放在一个组里
btg=new ButtonGroup();
btg.add(rdbAdd);
btg.add(rdbSubtration);
btg.add(rdbMultiply);
btg.add(rdbDivision);
//向计算面板添加组件
CalculatorPanel.add(rdbAdd);
CalculatorPanel.add(rdbSubtration);
CalculatorPanel.add(rdbMultiply);
```

```
        CalculatorPanel.add(rdbDivision);
        CalculatorPanel.add(tbCalculate);
        //向框架添加两个面板
        container.add(InputPanel,BorderLayout.CENTER);
        container.add(CalculatorPanel,BorderLayout.SOUTH);
    }
    public static void main(String args[])
    {
        CalculatorDemo calculator=new CalculatorDemo();
        calculator.setLayout();
        calculator.show();
    }
}
```

程序运行结果如图 5-3 所示。

图 5-3　实训九的运行结果

小结

本章主要介绍了 Java 的几种布局管理的功能和用法。最后通过两个实例说明了布局管理器在设计 GUI 时的具体用法。

指导练习

1. 阅读并补充程序

```
import javax.swing.*;
import java.awt.*;
import java.applet.*;

public class NULLLayoutDemo extends Applet{
    private JLabel lbUser,lbPassword;
    private JTextField tfUser;
    private JPasswordField tfPassword;
    private JComboBox cmbType;
    private JButton btnLog;

    String[] str={"教师","学生"};
    public void init(){
        this.setSize(300,200);
        this.setLayout(null);
    }
    public void start(){

        lbUser=new JLabel("用户名");
        lbPassword=new JLabel("密码");
        tfUser=new JTextField();
        tfPassword=new JPasswordField();
        cmbType=new JComboBox(str);
        btnLog=new JButton("登录");
        lbUser.setBounds(10,15,40,20);
        this.add(lbUser);

        tfUser.setBounds(70,15,100,20);
```

```
        this.add(tfUser);

        lbPassword.setBounds(10,50,40,20);
        this.add(lbPassword);
        tfPassword.setBounds(70,50,100,20);
        this.add(tfPassword);

        cmbType.setBounds(110,85,60,20);
        this.add(cmbType);

        btnLog.setBounds(110,120,60,20);
        this.add(btnLog);
    }
}
```

2. 阅读并补充程序

```
import java.awt.*;
import java.awt.event.*;
import javax.swing.*;
public class CardLayoutDemo extends JFrame implements ActionLis
tener{
    private JPanel panel1,panel2,panel3,panelDown;
    private JButton btnNext,btnFirst,btnLast,btnPrevious;
    private JLabel lb1,lb2,lb3;
    private Container container;
    private CardLayout Layout;
    public CardLayoutDemo(){
        super("卡片布局");
        this.setSize(300,200);
        this.setDefaultCloseOperation(JFrame.EXIT_ON_CLOSE);
    }
    public void setLayout(){
        Layout=new CardLayout();
        container=new Container();
```

```
        container.setLayout(Layout);
        panel1=new JPanel();
        lb1=new JLabel("这是第一页");
        panel1.add(lb1);

        panel2=new JPanel();
        lb2=new JLabel("这是第二页");
        panel2.add(lb2);

        panel3=new JPanel();
        lb3=new JLabel("这是第三页");
        panel3.add(lb3);

        container.add(panel1,"First");
        container.add(panel2,"Second");
        container.add(panel3,"Third");

        panelDown=new JPanel();
        panelDown.setLayout(new GridLayout(1,4));
        btnFirst=new JButton("首页");
        btnFirst.addActionListener(this);
        btnPrevious=new JButton("前一页");
        btnPrevious.addActionListener(this);
        btnNext=new JButton("后一页");
        btnNext.addActionListener(this);
        btnLast=new JButton("末页");
        btnLast.addActionListener(this);
        panelDown.add(btnFirst);
        panelDown.add(btnPrevious);
        panelDown.add(btnNext);
        panelDown.add(btnLast);
        this.setLayout(new BorderLayout());
        this.add(container,BorderLayout.CENTER);
        this.add(panelDown,BorderLayout.SOUTH);

    }
    public void actionPerformed(ActionEvent e){
```

```
            if(e.getSource()==btnNext){
                Layout.next(container);
            }
            else if(e.getSource()==btnPrevious){
                Layout.previous(container);
            }
            else if(e.getSource()==btnFirst){
                Layout.first(container);
            }
            else if(e.getSource()==btnLast){
                Layout.last(container);
            }

        }
    public static void main(String args[]){
            CardLayoutDemo cardFrame=new CardLayoutDemo();
            cardFrame.setLayout();
            cardFrame.show();
        }
    }
```

独立练习

利用组合布局创建一个计算器界面,效果如图 5-4 所示。

图 5-4　计算器界面

第6章 事件处理

6.1 概念解析

当Java GUI程序地运行是由事件驱动的。如果用户在界面上进行某种操作，比如单击鼠标或者输入字符，系统将识别这些操作并产生相应的事件（Event），然后再执行相应的事件处理程序。本章主要介绍Java的事件模型。

6.1.1 事件处理机制

事件处理的机制中包含以下3个要素。

1. 事件源

图形用户界面通过事件处理机制响应用户和程序的交互。产生事件的组件称事件源。如当用户单击某个按钮时就会产生动作事件，该按钮就是事件源。

2. 事件对象

当用户在组件上进行某种操作的时候，Java的事件处理系统会自动生成一个事件类的对象。该对象封装了一些有关事件的信息，如事件的类型、事件发生的时间、事件发生的目标对象，用户按下的键值等。

3. 事件监听器

GUI应用程序必须能实时的监控程序运行期间发生的各种事件，同时还要根据事件的不同做出相应的事件处理。这一任务是由事件监听器来完成的。

Java的事件处理机制使用的是委托事件的模型，其基本原理是：事件源对象产生事件并把该事件通知到一个或多个事件监听器那里，监听器接收到事件通知后，调用其中相应的方法对发生的事件进行处理，如图6-1所示。

为了让事件监听器能接收到事件源发送的事件的通知，监听器必须向一个或多个事件源注册。只有注册了的监听器才能接收到事件通知。

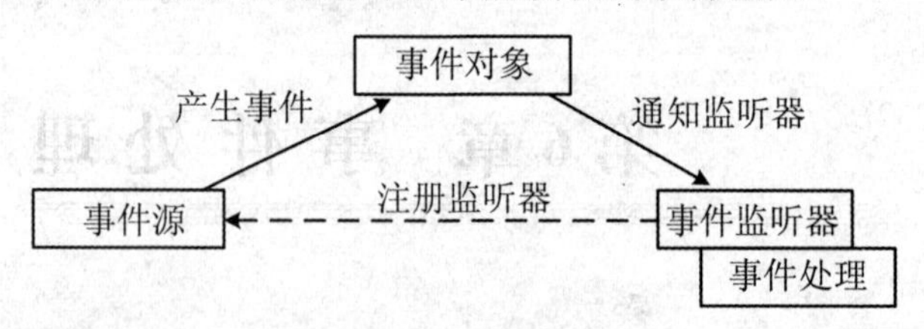

图 6-1 事件处理模型

在编写事件处理程序时一般需要做以下 3 件事：

① 声明一个类实现事件处理对应的接口，可以是界面类本身。

② 注册事件处理类对象为事件源的监听者。

③ 在实现的类中接口对应的处理方法中书写事件处理代码。

例如，要实现对一个 JFrame 窗口的一个按钮 button 鼠标单击事件的响应，可以按照上述的 3 步进行。

```
public class EventDemo extends JFrame implements ActionListener{
//实现事件处理接口
    …
    JButton button;
    public EventDemo(){
    …
    button=new JButton();
    button.addListener(this);
    //注册监听器
    }
    public void actionPerformed(ActionEvent e){
    //事件处理相应的方法
       System.out.print("单击的按钮");
    }
}
```

6.1.2 事件类和监听器接口

在 Java 中所有事件类的根类是 java.util.EventObject，所有的事件都是从它继承而来的。AWT 为 GUI 事件定义了自己的基类 java.awt.AWTEvent，AWT 事件的详细结构图如图 6-2 所示。

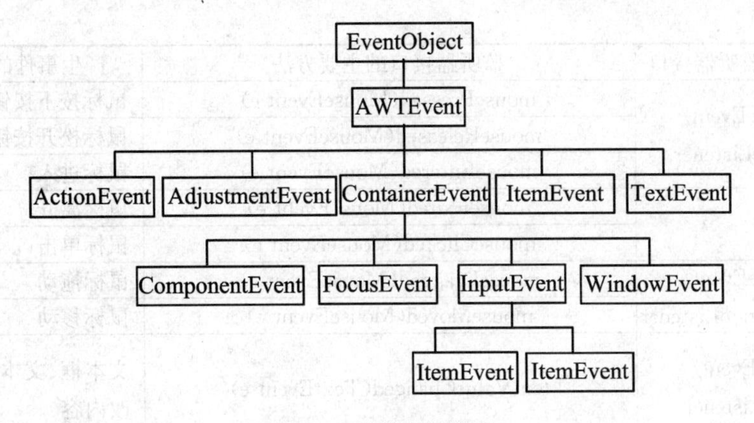

图 6-2　事件类结构图

Java 中的每个事件类都对应一个或多个监听器接口，接口中声明了一个或多个抽象的事件处理方法。表 6-1 列出了一些常用的事件类及其对应的接口以及接口中所声明的方法。

表 6-1　常用事件类型及对应接口

事件类/监听器接口	监听器接口的主要方法	产生事件的行为
ActionEvent/ActionListener	actionPerformed(ActionEvent e)	单击按钮、在文本框中按回车建、选择菜单项
AdjustmentEvent/AdjustmentListener	adjustmentValueChanged(AdjustmentEvent e)	移动滚动条
ComponentEvent/ComponentListener	componentMoved(ComponentEvent e)	移动组件
	componentHidden(ComponentEvent e)	隐藏组件
	componentResized(ComponentEvent e)	改变组件大小
	componentShown(ComponentEvent e)	显示组件
ContainerEvent/ContainerListener	componentAdded(ContainerEvent e)	添加组件
	componentRemoved(ContainerEvent e)	移出组件
FocusEvent/FocusListener	focusGained(FocusEvent e)	获得焦点
	focusLost(FocusEvent e)	失去焦点
ItemEvent/ItemListener	itemStateChange(ItemEvent e)	单击复选框、单击单选按钮、选择列表框、选中带复选框的菜单项
KeyEvent/KeyListener	keyPressed(KeyEvent e)	按下键盘
	keyReleased(KeyEvent e)	释放键盘
	keyTyped(KeyEvent e)	敲击键盘

续表

事件类/监听器接口	监听器接口的主要方法	产生事件的行为
MouseEvent/ MouseListener	mousePressed(MouseEvent e)	鼠标按下按钮
	mouseReleased(MouseEvent e)	鼠标松开按钮
	mouseEntered(MouseEvent e)	鼠标进入
	mouseExited(MouseEvent e)	鼠标离开
	mouseClicked(MouseEvent e)	鼠标单击
MouseEvent/ MouseMotionListener	mouseDragged(MouseEvent e)	鼠标拖动
	mouseMoved(MouseEvent e)	鼠标移动
TextEvent/ TextListener	textValueChanged(TextEvent e)	文本框、文本区中修改内容
WindowEvent/ WindowListener	windowClosing(WindowEvent e)	正在关闭窗口
	windowOpened(WindowEvent e)	打开窗口
	windowIconified(WindowEvent e)	窗口最小化
	windowDeiconified(WindowEvent e)	窗口从最小化恢复到正常窗口
	windowClosed(WindowEvent e)	已关闭窗口
	windowActivated(WindowEvent e)	激活窗口
	windowDeactivated(WindowEvent e)	窗口失去焦点

6.1.3 事件适配器

查看表 6-1,我们不难发现,有许多事件监听接口声明了多种方法,这使得我们要实现某一接口时不得不一一实现该接口的所有方法。例如,要实现 MouseListener 接口,可能我们只对 mouseClicked(MouseEvent e)方法感兴趣,但是不得不要同时实现 mousePressed(MouseEvent e)、mouseReleased(MouseEvent e)、mouseEntered(MouseEvent e)、mouseExited(MouseEvent e)等 4 个方法。事件适配器类(Adapter)解决了这一问题。在适配器类中实现了相应接口中的全部方法,只是方法为空,所以在使用适配器时只需重写需要实现的方法,无关方法不用实现。

例如,MouseAdapter 类:

```
public abstract class MouseAdapter implements MouseListener{
    public void mouseClicked(MouseEvent e){}
    public void mousePressed(MouseEvent e){}
    public void mouseReleased(MouseEvent e){}
    public void mouseEntered(MouseEvent e){}
    public void mouseExited(MouseEvent e){}
}
```

在 java. awt. event 包中定义了以下几个事件适配器类：

① ComponentAdapter(组件适配器)；

② ContainerAdapter(容器适配器)；

③ FocusAdapter(焦点适配器)；

④ KeyAdapter(键盘适配器)；

⑤ MouseAdapter(鼠标适配器)；

⑥ MouseMotionAdapter(鼠标运动适配器)；

⑦ WindowsAdapter(窗口适配器)。

6.2 实训十 检索与确认数据

6.2.1 场景分析

Toy 公司为某公司开发一个邮件系统，其中要求创建用户注册邮箱的界面。用户在注册界面中应输入邮箱名、密码、确认密码等信息。要求要检查用户输入信息的合法性，如果注册成功则提示注册成功，如果注册不成功则给出原因。

6.2.2 代码编写

```
    import javax.swing.*;
    import java.awt.*;
    import java.awt.event.*;
    public class Register extends JApplet implements ActionListener{
//实现 ActionListener 接口
        JPanel panel;
        JLabel lbMailName,lbPassword,lbPasswordAgain;
        JLabel lbNameRule,lbPasswordRule,lbMailPostfix;
        JTextField tfMailName;
        JPasswordField pfPassword,pfPasswordAgain;
        JButton btnSubmit,btnReset;
        GridBagLayout gb;
        GridBagConstraints gbc;
```

```
public void start(){
    gb=new GridBagLayout();
    gbc=new GridBagConstraints();
    panel=(JPanel)this.getContentPane();
    panel.setLayout(gb);

    lbMailName=new JLabel("邮箱名:");
    lbPassword=new JLabel("密码:");
    lbPasswordAgain=new JLabel("确认密码:");
    lbMailPostfix=new JLabel("@xxCompany.com");
    lbNameRule=new JLabel("4-12 个字母或数字,开头必须为字
    母");
    lbNameRule.setForeground(Color.RED);
    lbNameRule.setFont(new Font("黑体",Font.ITALIC,12));

    lbPasswordRule=new JLabel("6-12 个字符");
    lbPasswordRule.setForeground(Color.RED);
    lbPasswordRule.setFont(new Font("黑体",Font.ITALIC,
    12));

    tfMailName=new JTextField(12);
    pfPassword=new JPasswordField(12);
    pfPasswordAgain=new JPasswordField(12);
    btnSubmit=new JButton("提交");
    btnReset=new JButton("重置");

    gbc.anchor=GridBagConstraints.NORTHWEST;
    gbc.gridx=1;
    gbc.gridy=5;
    gb.setConstraints(lbMailName,gbc);
    panel.add(lbMailName);

    gbc.gridx=4;
    gbc.gridy=5;
```

```
gb.setConstraints(tfMailName,gbc);
panel.add(tfMailName);

gbc.gridx=8;
gbc.gridy=5;
gb.setConstraints(lbMailPostfix,gbc);
panel.add(lbMailPostfix);

gbc.gridx=4;
gbc.gridy=6;
gbc.gridwidth=GridBagConstraints.REMAINDER;
gb.setConstraints(lbNameRule,gbc);
panel.add(lbNameRule);

gbc.gridx=1;
gbc.gridy=8;
gb.setConstraints(lbPassword,gbc);
panel.add(lbPassword);

gbc.gridx=4;
gbc.gridy=8;
gb.setConstraints(pfPassword,gbc);
panel.add(pfPassword);

gbc.gridx=4;
gbc.gridy=9;
gb.setConstraints(lbPasswordRule,gbc);
panel.add(lbPasswordRule);

gbc.gridx=1;
gbc.gridy=11;
gb.setConstraints(lbPasswordAgain,gbc);
panel.add(lbPasswordAgain);
```

```
        gbc.gridx=4;
        gbc.gridy=11;
        gb.setConstraints(pfPasswordAgain,gbc);
        panel.add(pfPasswordAgain);

        gbc.gridx=1;
        gbc.gridy=14;
        gb.setConstraints(btnSubmit,gbc);
        panel.add(btnSubmit);
        //将 JApplet 对象注册为 btnSubmit 按钮的事件监听器
        btnSubmit.addActionListener(this);

        gbc.gridx=8;
        gbc.gridy=14;
        gb.setConstraints(btnReset,gbc);
        panel.add(btnReset);
        //将 JApplet 对象注册为 btnReset 按钮的事件监听器
        btnReset.addActionListener(this);
        this.setSize(550,200);
    }

    boolean nameIsLegal(String s){
        int i;
        char ch;
        ch=s.charAt(0);
        if (! Character.isLetter(ch))return false;
        for (i=1 ;i<s.length();i++){
          ch=s.charAt(i);
          if ( ! Character.isLetter(ch) && ! Character.isDigit
          (ch))
            return false;
        }
        return true;
```

```
}
public void actionPerformed(ActionEvent e){
//ActionEvent 事件处理方法
  String mailName,password,passwordAgain;
  mailName=tfMailName.getText();
  password=pfPassword.getText();
  passwordAgain=pfPasswordAgain.getText();
  //判断事件源
  if(e.getSource()==btnSubmit){
    if(mailName.equals(""))
      JOptionPane.showMessageDialog(null,"请输入邮箱名!","
      注册不成功",JOptionPane.INFORMATION_MESSAGE);
    else if(mailName.length()<4 ||mailName.length()>12 )
      JOptionPane.showMessageDialog(null,"邮箱名的长度为 4-
      12","注册不成功",JOptionPane.INFORMATION_MESSAGE);
    else if (! nameIsLegal(mailName))
      JOptionPane.showMessageDialog(null,"邮箱名由字母或数
      字,开头必须为字母","注册不成功",JOptionPane.INFORMA-
      TION_MESSAGE);
    else if(password.length()<4||password.length()>12)
      JOptionPane.showMessageDialog(null,"密码的长度为 4-
      12","注册不成功",JOptionPane.INFORMATION_MESSAGE);
    else if(! password.equals(passwordAgain)){
      JOptionPane.showMessageDialog(null,"密码与确认密码不
      一致,请重新输入","注册不成功",JOptionPane.INFORMA
      TION_MESSAGE);
      pfPassword.setText("");
      pfPasswordAgain.setText("");
    }
    else JOptionPane.showMessageDialog(null,"恭喜你注册成
    功","注册成功",JOptionPane.INFORMATION_MESSAGE);
  }
  if(e.getSource()==btnReset){
    tfMailName.setText("");
```

```
                pfPassword.setText("");
                pfPasswordAgain.setText("");
            }
        }
    }
```

程序的运行结果如图 6-3 所示。

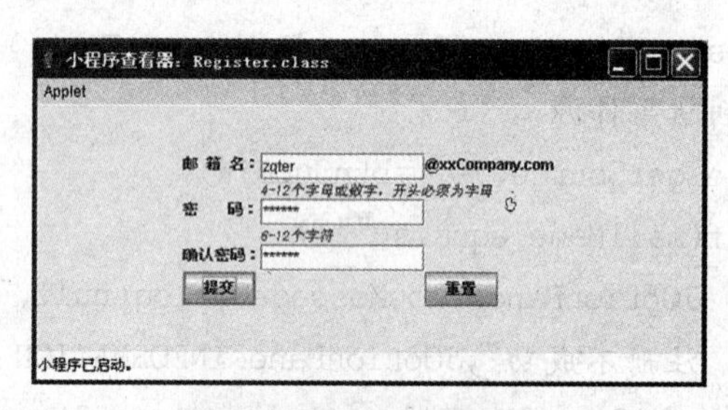

图 6-3　实训十的运行结果

小结

本章主要介绍了Java的事件处理模型，编写Java事件处理程序的主要方法，同时列出了常用的事件类型以及相对应的事件监听器接口。

指导练习

1. 阅读并补充程序

下面的程序模拟了Windows附件所带的计算器。这里简化了计算器的功能，只实现了加、减、乘、除4种运算。

```
import java.awt.*;
import javax.swing.*;
import java.awt.event.*;
```

```
public class SimpleCalculator implements ActionListener,KeyLis
tener{
    final int MAX_INPUT_LENGTH=18;
    final int INPUT_STATE=0;//输入状态为0
    final int RESULT_STATE=1;//输出状态为1
    final int ERROR_STATE=2;//出错状态为2
    int displayState;//表示当前状态

    boolean clearOnNextDigit;//输入下一个数字前是否先清屏
    double lastNumber;//保存前一个数据
    char lastOperator;//保存前一个运算符
    JFrame frame;
    JTextField displayText;//显示信息的标签
    JPanel displayPanel,buttonPanel,leftPanel;
    JButton buttonBK,buttonCE,buttonC,buttonEqual;
    public SimpleCalculator(){
    frame=new JFrame("计算器");
        displayText=new JTextField(28);
        displayText.setEditable(false);
        displayText.addKeyListener(this);
        displayText.setBackground(Color.WHITE);
        displayText.setHorizontalAlignment(JTextField.RIGHT);
        displayPanel=new JPanel();
        displayPanel.add(displayText);

        buttonPanel=new JPanel();
        buttonPanel.setLayout(new GridLayout(4,4,5,5));
         addButtonToPanel(buttonPanel,new JButton("7"),Color.
         BLACK);
         addButtonToPanel(buttonPanel,new JButton("8"),Color.
         BLACK);
```

```
addButtonToPanel(buttonPanel,new JButton("9"),Color.
BLACK);
addButtonToPanel(buttonPanel,new JButton("/"),Color.
BLACK);

addButtonToPanel(buttonPanel,new JButton("4"),Color.
BLACK);
addButtonToPanel(buttonPanel,new JButton("5"),Color.
BLACK);
addButtonToPanel(buttonPanel,new JButton("6"),Color.
BLACK);
addButtonToPanel(buttonPanel,new JButton("*"),Color.
BLACK);

addButtonToPanel(buttonPanel,new JButton("1"),Color.
BLACK);
addButtonToPanel(buttonPanel,new JButton("2"),Color.
BLACK);
addButtonToPanel(buttonPanel,new JButton("3"),Color.
BLACK);
addButtonToPanel(buttonPanel,new JButton("-"),Color.
BLACK);

addButtonToPanel(buttonPanel,new JButton("0"),Color.
BLACK);
addButtonToPanel(buttonPanel,new JButton("+/-"),Col
or.BLACK);
addButtonToPanel(buttonPanel,new JButton("."),Color.
BLACK);
addButtonToPanel(buttonPanel,new JButton("+"),Color.
BLACK);
```

```
        leftPanel=new JPanel();
        leftPanel.setLayout(new GridLayout(4,1,5,5));

        addButtonToPanel(leftPanel,new JButton("Backspace"),
        Color.RED);
        addButtonToPanel(leftPanel,new JButton("CE"),Color.
        RED);
        addButtonToPanel(leftPanel,new JButton("C"),Color.RED);
        addButtonToPanel(leftPanel,new JButton("="),Color.
        RED);

        displayResult(0);

        frame.setLayout(new BorderLayout());
        frame.add(displayPanel,"North");
        frame.add(buttonPanel,"Center");
        frame.add(leftPanel,"East");
        frame.addKeyListener(this);
        frame.setSize(320,200);
        frame.show();

    }
    //设置显示信息
    void setDisplayText(String s){
        displayText.setText(s);
    }
    //取得显示的字符
    String getDisplayText(){
        return displayText.getText();
    }
    //取得显示的数字
    double getNumberInDisplay(){
```

```
        String inputString=displayText.getText();
        return Double.parseDouble(inputString);
    }
    //按 CE 按钮的操作
    void processCE(){
        setDisplayText("0");
        displayState=INPUT_STATE;
        clearOnNextDigit=true;
    }
    //按 C 按钮的操作
    void processC(){
        setDisplayText("0");
        lastOperator=0;
        lastNumber=0;
        displayState=INPUT_STATE;
        clearOnNextDigit=true;
    }
    //加数字
    void addDigit(int digit){
        if(clearOnNextDigit)
          setDisplayText("");
        String inputString=getDisplayText();
        if(inputString.equals("0"))setDisplayText(Integer.toS
        tring(digit));
        else if(inputString.length()<MAX_INPUT_LENGTH)
          setDisplayText(inputString+digit);
        displayState=INPUT_STATE;
        clearOnNextDigit=false;
    }
    //添加小数点
    void addDecimalPoint(){
        displayState=INPUT_STATE;
```

```
        if(clearOnNextDigit)
          setDisplayText("");
        String inputString=getDisplayText();
        if(inputString.indexOf(".")<0)
          setDisplayText(inputString+".");
    }
    //执行最后一次运算，如果有除零的运算就抛出除零异常
    double processLastOperator()throws DivideByZeroException{
      double result=0;
      double numberInDisplay=getNumberInDisplay();
      switch(lastOperator){
        case'+':
          result=lastNumber + numberInDisplay;
          break;
        case'-':
          result=lastNumber - numberInDisplay;
          break;
        case'*':
          result=lastNumber*numberInDisplay;
          break;
        case'/':
          if(numberInDisplay==0)
            throw(new DivideByZeroException());
          result=lastNumber/numberInDisplay;
          break;
      }
    return result;
}
//进行运算
void processOperator(char op){
    if(displayState!=ERROR_STATE){
      double numberInDisplay=getNumberInDisplay();
```

```
            if(lastOperator! =0){
              try{
                double result=processLastOperator();
                displayResult(result);
                lastNumber=result;
              }
              catch(DivideByZeroException e){
                displayError("除零了。");
              }
            }
            else{
              lastNumber=numberInDisplay;
            }
          clearOnNextDigit=true;
          lastOperator=op;
        }
      }
      //等于号的运算
      void processEqual(){
          if(displayState! =ERROR_STATE){
            try{
              double result=processLastOperator();
                displayResult(result);
            }
            catch(DivideByZeroException e){
              displayError("除零了。");
            }
            lastOperator=0;
            }
        }
      //改变符号
      void processSignChange(){
```

```
    if(displayState==INPUT_STATE){
      String inputString=getDisplayText();
      if(inputString.length()>0){
        if (inputString.indexOf("-")==0)
          setDisplayText(inputString.substring(1));
        else
          setDisplayText("-"+inputString);
      }
    }
    else if (displayState==RESULT_STATE){
      double numberInDisplay=getNumberInDisplay();
      if(numberInDisplay!=0)
        displayResult(-numberInDisplay);
    }
  }
  //退格操作
  void processBackspace(){
    if(displayState==INPUT_STATE){
      String inputString=getDisplayText();
      if(inputString.length()>1){
          setDisplayText(inputString.substring(0, inputString.
          length()-1));
      }
      else if(inputString.length()==1){
        setDisplayText("0");
      }

    }
  }
  //处理按钮
  void processButton(String command){
    if(command.equals("0"))addDigit(0);
```

```
        if(command.equals("1")){addDigit(1);System.out.println(com
        mand);}
        if(command.equals("2"))addDigit(2);
        if(command.equals("3"))addDigit(3);
        if(command.equals("4"))addDigit(4);
        if(command.equals("5"))addDigit(5);
        if(command.equals("6"))addDigit(6);
        if(command.equals("7"))addDigit(7);
        if(command.equals("8"))addDigit(8);
        if(command.equals("9"))addDigit(9);
        if(command.equals("."))addDecimalPoint();
        if(command.equals("+"))processOperator('+');
        if(command.equals("-"))processOperator('-');
        if(command.equals("*"))processOperator('*');
        if(command.equals("/"))processOperator('/');
        if(command.equals("="))processEqual();
        if(command.equals("+/-"))processSignChange();
        if(command.equals("C"))processC();
        if(command.equals("CE"))processCE();
        if(command.equals("Backspace"))processBackspace();

    }
    //将运算结果显示在显示标签中
    void displayResult(double result){
        String s=Double.toString(result);
        if(s.lastIndexOf('0')==s.length()-1)
          s=s.substring(0,s.length()-2);
        setDisplayText(s);
        lastNumber=result;
        displayState=RESULT_STATE;
        clearOnNextDigit=true;
    }
```

```
//显示出错信息
    void displayError(String errorMessage){
        setDisplayText(errorMessage);
        lastNumber=0;
        displayState=ERROR_STATE;
        clearOnNextDigit=true;
    }
    //加按钮到面板
    void addButtonToPanel(JPanel panel,JButton button,Color foreCol
    or){
        panel.add(button);
        button.setForeground(foreColor);
        button.addKeyListener(this);
        button.addActionListener(this);
    }

    public void actionPerformed(ActionEvent e){
        processButton(e.getActionCommand());
    }
    public void keyPressed(KeyEvent e){
    }
    public void keyReleased(KeyEvent e){
    }
    //处理键盘输入
    public void keyTyped(KeyEvent e){
        String command;
        char keyChar=e.getKeyChar();
        if(keyChar==KeyEvent.VK_ENTER){
            command=new String("=");
        }
        else if(keyChar==KeyEvent.VK_ESCAPE){
            command=new String("C");
        }
        else if(keyChar==KeyEvent.VK_BACK_SPACE){
```

```
            command=new String("Backspace");
        }
        else{
            byte bytes[]={(byte)keyChar};
            command=new String(bytes);
        }
        processButton(command);
        }

        public static void main(String args[]){
            SimpleCalculator cal=new SimpleCalculator();
        }
    }
    //自定义除零异常
    class DivideByZeroException extends Exception{
        DivideByZeroException(){
            super("除零了。");
        }
    }
```

2. 阅读并补充程序

下面的程序是使用适配器来处理鼠标进入窗体和离开窗体的事件。

```
    import javax.swing.*;
    import java.awt.event.*;
    public class MouseAdapterDemo extends JFrame{
        String strPositionX,strPositionY;
        JLabel lb;
        public MouseAdapterDemo(){
            super("鼠标移动事件");
            setSize(260,200);
            lb=new JLabel();
            //注册适配器
            this.addMouseListener(new MouseMovedHandler() );
            this.add(lb);
```

```
        this.setVisible(true);
    }
    public static void main(String args[]){
        MouseAdapterDemo frame=new MouseAdapterDemo();
    }
    //内部类,使用 MouseAdapter 适配器处理鼠标事件
  public class MouseMovedHandler extends MouseAdapter{
    public void mouseEntered(MouseEvent e){
        lb.setText("鼠标进入");
    }
    public void mouseExited(MouseEvent e){
        lb.setText("鼠标离开");
    }
  }
}
```

独立练习

为第5章实训九添加事件处理代码,要求单击“运算”按钮能显示计算结果,同时能检测出非法输入。

第7章 异常处理

7.1 概念解析

在程序运行时经常会出现一些非正常的现象，如找不到文件、死循环等，称为运行错误。根据错误所造成的后果，运行错误分为两类：错误（Error）和异常（Exception）。

致命性的为错误：如程序进入死循环、递归无法结束、内存溢出、虚拟机崩溃，这类现象称为错误。错误只能在编程阶段解决，只能依靠其他程序干预，否则会一直处于非正常状态。

非致命性的为异常：如运算时除数为0或操作数超出范围、数组访问越界或打开一个文件时发现文件并不存在、欲装入的类文件丢失或网络连接中断等，这类现象称为异常。异常通过某种特定的处理后可使程序回到正常的状态继续运行。

7.1.1 异常类

Java系统中为处理异常事件定义了一些异常类。Throwable类是所有异常类的根类，由Throwable类派生出两个类——Error类和Exception类，Error类和Exception类又派生出许多子类，图7-1给出了异常类及其子类的层次结构。

Throwable类包含在java.lang中，Throwable的子类包含在各个数据包中。例如与I/O有关的异常包含在java.io数据包中，与GUI组件有关的异常包含在java.awt中，数字异常包含在java.lang数据包中。Error类及其子类的对象代表着Java系统的内部错误，这类错误超出了程序处理的控制范围，一旦发生就只有通知用户并结束程序运行了。Exception类及其子类的对象代表着应用程序的异常，这类异常通过运行程序员预先设计好的异常处理程序可以解决的。

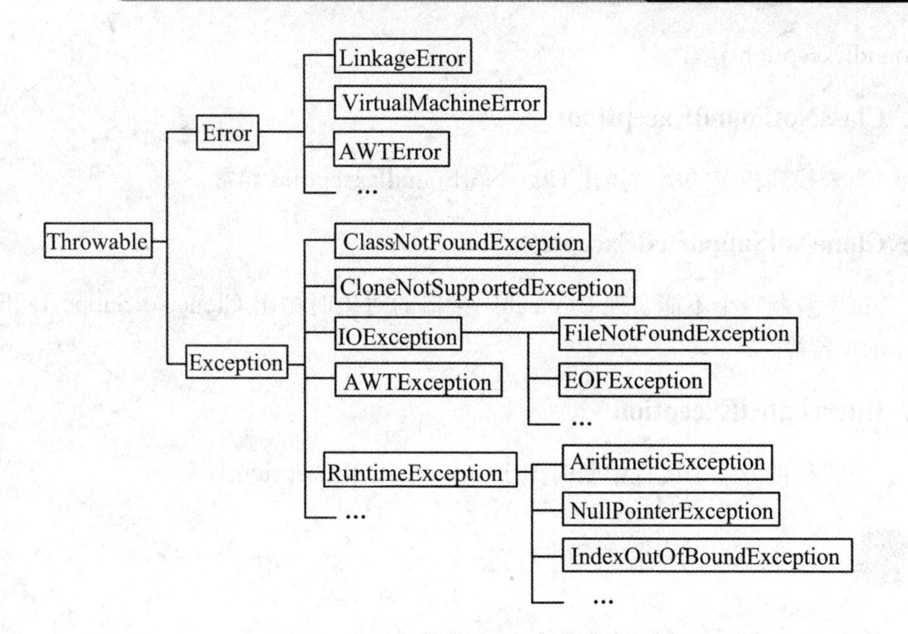

图 7-1 异常类层次结构层

常见的异常类有以下几种。

1. ArithmeticException

如果除数为除 0 或用 0 取模产生 ArithmeticException,其他算术操作不会产生异常。

2. NullPointerException

当程序试图访问一个空对象中的变量、方法或一个空数组中的元素时则会引发 NullPointerException 异常。

3. ClassCastException

进行类型强制转换时,对于不能进行的转换操作产生 ClassCastException 异常。

4. FileNotFoundException

当程序试图存取一个并不存在的文件时引发 FileNotFoundException 异常。

5. IndexOutOfBoundException

当对数组、字符串或向量等的排序索引的访问超出范围时抛出 IndexOutOf-

BoundException 异常。

6. ClassNotFoundException

当未找到相应的类时抛出 ClassNotFoundException 异常。

7. CloneNotSupportedException

试图复制一个不能实现 Cloneable 接口的对象时抛出 CloneNotSupportedException 异常。

8. InterruptedException

当线程被另一个线程中断时抛出 InterruptedException 异常

7.1.2　异常处理方法

通常在遇到异常的情况下有 3 种处理方法。

1. 不做任何异常处理

有 Java 虚拟机自动进行处理。这种处理方法的结果可以导致程序终止，并且在控制台中显示异常的有关信息。

```
public class DemoException {
    public static void main(String args[]){
        int i,j;
        i=100;
        j=i/0;
        System.out.print("运算结束");
    }
}
```

控制台显示的内容为：

```
Exception in thread "main" java.lang.ArithmeticException: / by zero
at DemoException.main(DemoException.java:6)
```

根据控制台显示的内容我们不难发现，程序没有运行完就中途终止了。

2. 使用 try-catch-finally 语句捕获异常，处理异常

try 子句用来括住有可能出现异常的代码或代码段，catch 子句用来指明要捕获的异常以及相应的处理代码。注意,try 语句块与 catch 语句块之间不能有其他代码。

```
public class DemoException {
    public static void main(String args[]){
        int i,j;
        try{
            //将可能出现异常的代码段括起
            i=100;
            j=i/o;
        }
        catch(ArithmeticException e){
            //捕获算术异常
            System.out.println(e.getMessage());
            //捕获到异常后的处理代码
        }
        System.out.print("运算结束");
    }
}
```

控制台显示的内容为:

```
/ by zero
运算结束
```

根据控制台显示的内容我们不难发现,虽然程序在运行期间出现了异常,但由于我们捕获了异常,程序可以继续运行,所以“运算结束”可以显示在控制台上。

finally 语句的作用是:无论 try 代码是否出现异常,或者 catch 子句是否捕获到异常 finally 字句,都是一定会执行的。

```
public class DemoException {
    public static void main(String args[]){
        int i,j;
        i=100;
        try{
            j=i/o;
        }
        finally{
            System.out.println("必须执行的代码");
```

```
        }
        System.out.println("运算结束");
    }
}
```

控制台显示的内容为：

必须执行的代码

Exception in thread "main" java.lang.ArithmeticException: / by zero
at DemoException.main(DemoException.java:7)

3. 将异常传递给调用方法的方法处理，即抛出异常

```
public class DemoException {
    static void op(int i,int j) throws ArithmeticException{
        int k;
        if (j! =0) k=i/j;
            else throw new ArithmeticException("除数为零异常");
    }
    public static void main(String args[]){
        int i,j;
        i=100;j=0;
        try{
            op(i,j);
        }
        catch(ArithmeticException e){
            System.out.println(e.getMessage());
        }
            System.out.print("运算结束");
}
```

控制台显示的内容为：

除数为零异常

运算结束

通过上面的例子可以看出算术异常是在 op()方法内部产生的，但是 op()方法并没有去捕获异常，而是将异常抛给了调用 op()方法的 main()方法，在 main()方法内部捕获到了算术异常。

需要注意的是需在有可能抛出异常的方法的声明后加上关键字 throws <异常列表>，来指出可能抛出的异常类型，throw 关键字后面跟的是异常实例。

7.1.3 自定义异常类

当Java提供的内置异常类无法很好的描述程序中所遇到的问题时,我们可以创建自己的异常类,创建的方法通常是从Exception类或者Exception的子类派生出自定义异常类。

在Throwable中定义了一些常用的方法,自定义异常类时可以对这些方法进行重写。这些常用的方法有:

- public String toString()返回一个包含异常描述的String对象。
- public String getMessage()返回异常的描述。
- public void printStackTrace()在屏幕上输出当前异常对象使用的堆栈轨迹。

在第6章的补充程序1中,我们就自定义了一个除数为零的异常类:

```
class DivideByZeroException extends Exception{
        public String toString(){
            return "除零了!";
        }
}
```

7.2 实训十一 纠正运行错误

7.2.1 场景分析

Toy公司为某保险公司开发一个客户资料信息查询系统。该系统中有一项功能是录入客户资料信息。为了减少对后台数据库的读写次数,会将录入的客户资料先保存在数组中,然后再写入数据库。程序运行过程中可能发生对数组的存取越界的情况。

7.2.2 代码编写

```
import javax.swing.*;
import java.awt.*;
```

```
import java.awt.event.*;
//客户类
class Customer{
    String custName;
    String custNo;
    int custAge;
    String insureType;
    void setCustName(String name){
        custName=name;
    }
    void setCustNo(String no){
        custNo=no;
    }
    void setAge(int age){
        custAge=age;
    }
    void setInsureType(String type){
        insureType=type;
    }
    String getCustName(){
        return custName;
    }
    String getCustNo(){
        return custNo;
    }
    int getCustAge(){
        return custAge;
    }
    String getInsureType(){
        return insureType;
    }
}
public class CustomerCollection implements ActionListener{
    Customer custObjects[];
```

```
    //GUI 组件
static JFrame frameObject;
static JPanel panelObject;

JLabel labelCustName;
JLabel labelCustNo;
JLabel labelInsureType;
JLabel labelCustAge;
JLabel labelError;

JTextFieldtextCustName;
JTextFieldtextCustNo;
JComboBoxcomboInsureType;
JTextFieldtextCustAge;

JButton btnSave,btnDisp;

//保存信息的个数
int inputCount;

//布局
GridBagLayout gbObject;
GridBagConstraints gbc;

public CustomerCollection(){
    //对象数组,用来存放 Customer 对象
    custObjects=new Customer[5];
    for(int i=0;i<5;i++){
      custObjects[i]=new Customer();
    }
    inputCount=0;
}
public static void main(String args[]){
    CustomerCollection cust=new CustomerCollection();
```

```
        cust.initGUI();
    }
    //初始化界面
    void initGUI(){
        frameObject=new JFrame("客户资料录入窗口");
        panelObject = new JPanel();
        frameObject.getContentPane().add(panelObject);

        gbObject=new GridBagLayout();
        gbc=new GridBagConstraints();
        panelObject.setLayout(gbObject);

        //初始化组件
        labelCustName = new JLabel("客户姓名:");
        labelCustNo = new JLabel("客户编号:");
        labelInsureType = new JLabel("保险类型:");
        labelCustAge = new JLabel("年龄:");
        labelError=new JLabel(" ");

        textCustName = new JTextField(20);
        textCustNo = new JTextField(20);
        textCustAge = new JTextField(4);
        String packages[] = { "重大疾病险","教育险","汽车险"};
        comboInsureType = new JComboBox(packages);

        btnSave=new JButton("保存到缓存");
        btnSave.addActionListener(this);
        btnDisp=new JButton("显示缓存内容");
        btnDisp.addActionListener(this);

        //布局
        gbc.anchor =GridBagConstraints.NORTHWEST;
        gbc.gridx=1;
        gbc.gridy=1;
```

```
gbObject.setConstraints(labelCustName,gbc);
panelObject.add(labelCustName);

gbc.anchor =GridBagConstraints.NORTHWEST;
gbc.gridx=2;
gbc.gridy=1;
gbObject.setConstraints(textCustName,gbc);
panelObject.add(textCustName);

gbc.anchor =GridBagConstraints.NORTHWEST;
gbc.gridx=1;
gbc.gridy=2;
gbObject.setConstraints(labelCustNo,gbc);
panelObject.add(labelCustNo);

gbc.anchor =GridBagConstraints.NORTHWEST;
gbc.gridx=2;
gbc.gridy=2;
gbObject.setConstraints(textCustNo,gbc);
panelObject.add(textCustNo);

gbc.anchor =GridBagConstraints.NORTHWEST;
gbc.gridx=1;
gbc.gridy=3;
gbObject.setConstraints(labelInsureType,gbc);
panelObject.add(labelInsureType);
gbc.anchor =GridBagConstraints.NORTHWEST;
gbc.gridx=2;
gbc.gridy=3;
gbObject.setConstraints(comboInsureType,gbc);
panelObject.add(comboInsureType);

gbc.anchor =GridBagConstraints.NORTHWEST;
gbc.gridx=1;
```

```
        gbc.gridy=4;
        gbObject.setConstraints(labelCustAge,gbc);
        panelObject.add(labelCustAge);
        gbc.anchor =GridBagConstraints.NORTHWEST;
        gbc.gridx=2;
        gbc.gridy=4;
        gbObject.setConstraints(textCustAge,gbc);
        panelObject.add(textCustAge);

        gbc.anchor =GridBagConstraints.NORTHWEST;
        gbc.gridx=1;
        gbc.gridy=5;
        gbObject.setConstraints(btnSave,gbc);
        panelObject.add(btnSave);

        gbc.anchor =GridBagConstraints.NORTHWEST;
        gbc.gridx=2;
        gbc.gridy=5;
        gbObject.setConstraints(btnDisp,gbc);
        panelObject.add(btnDisp);

        gbc.anchor =GridBagConstraints.NORTHWEST;
        gbc.gridx=2;
        gbc.gridy=6;
        gbObject.setConstraints(labelError,gbc);
        panelObject.add(labelError);

        frameObject.setVisible(true);
        frameObject.setSize(600,300);
    }
    public void actionPerformed(ActionEvent e){
        if(e.getSource()==btnSave){
          String name,no,type;
           int age;
```

```
    try{
        name=textCustName.getText();
        no=textCustNo.getText();
        type=comboInsureType.getSelectedItem().toString();
        age=Integer.parseInt(textCustAge.getText());
        custObjects[inputCount].setCustName(name);
        custObjects[inputCount].setCustNo(no);
        custObjects[inputCount].setInsureType(type);
        custObjects[inputCount].setAge(age);
        inputCount++;
        labelError.setText("已保存"+inputCount+"条信
        息");
    }
    catch(ArrayIndexOutOfBoundsException exp){
    //捕获数组越界异常
        labelError.setText("缓存溢出");
    }
    catch(NumberFormatException exp){
    //捕获字符串转化为数值异常
        labelError.setText("请输入年龄");
    }
  }
  if (e.getSource()==btnDisp){
    for(int i=0;i<5;i++){
          System.out.println(custObjects[i].getCustName());
          System.out.println(custObjects[i].getCustNo());
          System.out.println(custObjects[i].getCustAge());
          System.out.println(custObjects[i].getInsureType
          ());
    }
  }
 }
}
```

程序运行结果如图 7-2 所示。

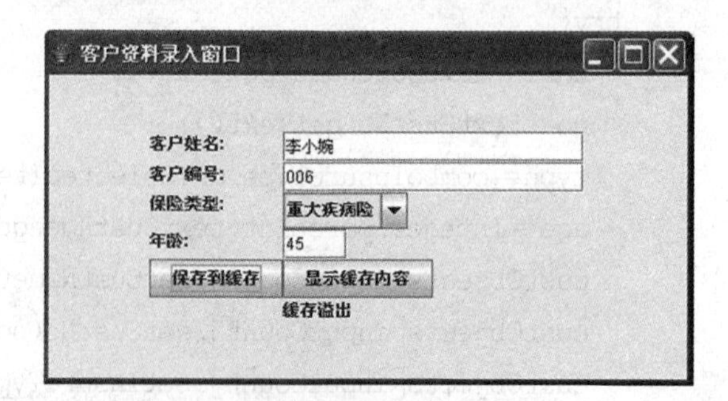

图 7-2 实训十一运行结果

7.3 实训十二 自定义异常处理

7.3.1 场景分析

对前一个实训的场景我们再进一步分析。我们假定人的寿命极限是 150 岁，那么客户的有效年龄为 0～150 岁，另外保险公司要求参保重大疾病保险的客户年龄必须小于 60 岁。依据这样的分析，我们需自定义异常类来满足需求。

7.3.2 代码编写

代码只要稍作改动就可以。添加两个自定义异常类。

```
class AgeException extends Exception{
    public String toString(){
        return "年龄异常,年龄必须在 0~150 之间";
    }
}
class AgeAndTypeException extends Exception{
    public String toString(){
        return "参保重大疾病险的人的年龄必须在 0~59 之间";
    }
}
```

对 Cusomer 类的 setAge()方法做相应的修改，修改后的 setAge()方法代码如下：

```
void setAge(int age)throws AgeException,AgeAndTypeException{
        if (age<0||age>150)throw new AgeException();
        if (insureType.equals("重大疾病险")&& age>59)
             throw new AgeAndTypeException();
        custAge=age;
}
```

对原有的CustomerCollection类中的actionPerformed()方法做相应的修改，修改后的CustomerCollection类如下：

```
import javax.swing.*;
import java.awt.*;
import java.awt.event.*;
public class CustomerCollection implements ActionListener{
        //此处代码与上一个代码相同
public void actionPerformed(ActionEvent e){
        if(e.getSource()==btnSave){
          String name,no,type;
          int age;
          try{
               name=textCustName.getText();
               no=textCustNo.getText();
               type=comboInsureType.getSelectedItem().toString();
               age=Integer.parseInt(textCustAge.getText());
               custObjects[inputCount].setCustName(name);
               custObjects[inputCount].setCustNo(no);
               custObjects[inputCount].setInsureType(type);
               custObjects[inputCount].setAge(age);

               inputCount++;
                labelError.setText("已保存"+inputCount+"条信息");
          }
          catch(ArrayIndexOutOfBoundsException exp){
          //捕获数组越界异常
```

```
            labelError.setText("缓存溢出");
        }
        catch(NumberFormatException exp){
        //捕获字符串转化为数值异常
            labelError.setText("请输入年龄");
        }
        catch(AgeException exp){
            labelError.setText(exp.toString());

        }
        catch(AgeAndTypeException exp){
            labelError.setText(exp.toString());
        }
    }
}
```

小结

本章主要介绍了Java的异常的类型、异常处理的方法以及如何自定义异常。同时介绍了如何用Throws声明异常、如何使用throw抛出异常。

指导练习

1. 阅读并补充练习

下面列出了几个小程序，先分析预测一下运行结果，然后上机实践，看预测的结果是否正确。

(1) 程序一

```
public class DemoException{
    public static void main(String args[]){
      try{
        System.out.println("计算前");
```

```
      int i=100;
      int j=i/o;
      System.out.println("计算后");
    }
    catch(RuntimeException e){
      System.out.println("RuntimeException被捕获");
    }
    finally{
      System.out.println("finally子句被执行");
    }
  }
}
```

(2) 程序二

```
public class DemoException{
    public static void main(String args[]){
      try{
        System.out.println("计算前");
        int i=100;
        int j=i/o;
        System.out.println("计算后");
      }
      catch(RuntimeException e){
        System.out.println("RuntimeException被捕获");
      }
      finally{
        System.out.println("finally子句被执行");
      }
      System.out.print("程序结束");
   }
}
```

(3) 程序三

```
public class DemoException{
```

```
    public static void main(String args[]){
      try{
        System.out.println("计算前");
        int i=100;
        int j=i/o;
        System.out.println("计算后");
      }
      finally{
        System.out.println("finally子句被执行");
      }
      System.out.print("程序结束");
    }
}
```

(4) 程序四

```
public class DemoException{
    public static void main(String args[]){
      try{
        System.out.println("计算前");
        int i=100;
        int j=i/o;
        System.out.println("计算后");
      }
      catch(ArithmeticExceptione){
        System.out.println("ArithmeticException被捕获");
      }
      catch(RuntimeException e){
        System.out.println("RuntimeException被捕获");
      }
      catch(Exception e){
        System.out.println("Exception被捕获");
      }
      finally{
```

```
            System.out.println("finally子句被执行");
        }
        System.out.print("程序结束");
    }
}
```

(5) 程序五

```
public class DemoException{
    public static void main(String args[]){
        try{
            System.out.println("计算前");
            int i=100;
            int j=i/o;
            System.out.println("计算后");
        }
        catch(Exception e){
            System.out.println("Exception被捕获");
        }
        catch(ArithmeticExceptione){
            System.out.println("ArithmeticException被捕获");
        }
        catch(RuntimeException e){
            System.out.println("RuntimeException被捕获");
        }
        finally{
            System.out.println("finally子句被执行");
        }
        System.out.print("程序结束");
        }
    }
```

2. 阅读并补充练习

```
import   java.awt.*;
import   java.awt.event.*;
```

```
import  java.applet.Applet;
import  java.applet.AudioClip;

public class Sound extends Applet implements ActionListener
{
    Audio  Clipaudio;
    Buttonbtn  Play;
    Buttonbtn  Stop;
    public voidinit()
   {
      btnPlay=new Button("Play");
      btnStop=new Button("Stop");
      add(btnPlay);
      add(btnStop);
      btnPlay.addActionListener(this);
      btnStop.addActionListener(this);
      try{
            audio=getAudioClip(getDocumentBase(),"fresh.au");
      }
      catch(Exception e) {
            System.out.println(e.toString());
      }
    }
    public void action Performed(ActionEvent e)
    {
      if(e.getSource()==btnPlay) {
        try{
            audio.play();
        }
        catch(Exceptionerr) {
            System.out.println(err.toString());
        }
```

```
        }
        if(e.getSource()==btnStop) {
          try{
              audio.stop();
          }
          catch(Exceptionerr) {
              System.out.println(err.toString());
          }
        }
    }
}
```

独立练习

编程定义一个Circle类，要求该类提供计算周长和面积的方法，当圆的半径小于0时，抛出一个自定义的异常。

第8章　菜单与窗体

8.1　概念解析

8.1.1　创建菜单

菜单是最常用的GUI组件之一，Java提供了实现菜单的6个类：JMenuBar、JMenu、JMenuItem、JCheckBoxMenuItem、JRadioButtonMenuItem和JPopup-Menu，这些类的层次结构如图8-1所示。

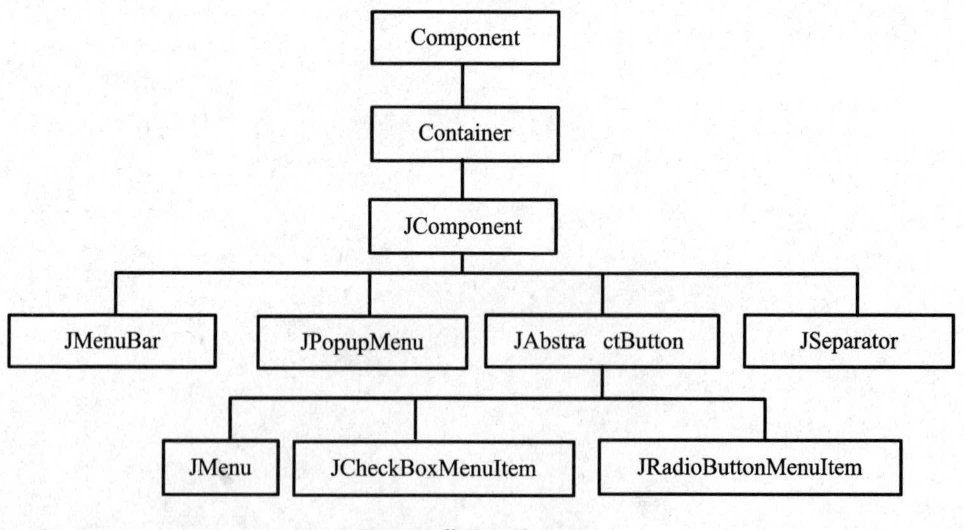

图8-1　菜单组件层次结

菜单栏用来包容一组菜单，菜单用来包含一组菜单项或子菜单，图8-2显示了菜单各组件的样式。

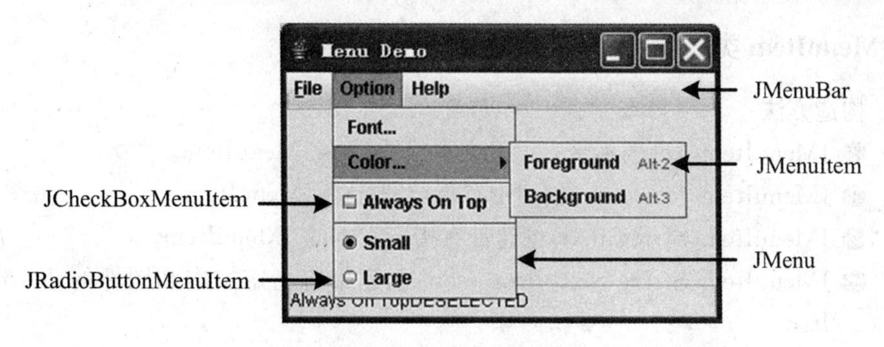

图 8-2　菜单组件说明

一些菜单组件的常用方法如下。

1. MenuBar 类

构造方法：

- MenuBar()。
- add(JMenu c)将指定的菜单追加到菜单栏的末尾。

setMenuBar(＜菜单条对象＞)方法定义在 JFrame、JApplet、JDialog 等类中的功能是将菜单栏放到窗口上。

2. Menu 类

构造方法：

- Menu()创建一个空标题菜单。
- Menu(String str)创建一个指定标题菜单。

其他方法：

- add(MenuItem item)将指定的菜单项追加在菜单的末尾。
- add(Sring str)创建具有指定文本的菜单项，并将其追加到此菜单的末尾。
- addSeparatcr()将新分隔符追加到菜单的末尾。
- getItem(int pos)返回指定位置的 JMenuItem。
- getItemCount()返回菜单上的项数，包括分隔符。
- insert(JMenuItem mi, int pos)在给定位置插入指定的 JMenuItem。
- insert(String s, int pos)在给定的位置插入一个具有指定文本的新菜单项。
- remove(int pos)从此菜单移除指定索引处的菜单项。
- remove(JMenuItem item)从此菜单移除指定的菜单项。
- removeAll()从此菜单移除所有菜单项。

3. MenuItem 类

构造方法：

- JMenuItem()创建不带有设置文本或图标的 JMenuItem。
- JMenuItem(Icon icon)创建带有指定图标的 JMenuItem。
- JMenuItem(String text)创建带有指定文本的 JMenuItem。
- JMenuItem(String text, Icon icon)创建带有指定文本和图标的 JMenuItem。
- JMenuItem(String text, int mnemonic)创建带有指定文本和键盘助记符的 JMenuItem。
- setAccelerator(KeyStroke keyStroke)设置组合键,它能直接调用菜单项的操作侦听器而不必显示菜单的层次结构。
- setEnabled(boolean b)启用或禁用菜单项。

4. JCheckBoxMenuItem

构造方法：

- JCheckBoxMenuItem()创建一个没有设置好的文本或图标的、最初未选定的复选框菜单项。
- JCheckBoxMenuItem(Icon icon)创建有一个图标的、最初未被选定的复选框菜单项。
- JCheckBoxMenuItem(String text)创建一个带文本的、最初未被选定的复选框菜单项。
- JCheckBoxMenuItem(String text, boolean b)创建具有指定文本和选择状态的复选框菜单项。
- JCheckBoxMenuItem(String text, Icon icon)创建带有指定文本和图标的、最初未被选定的复选框菜单项。
- JCheckBoxMenuItem(String text, Icon icon, boolean b)创建具有指定文本、图标和选择状态的复选框菜单项。

其他方法：

- getState()返回菜单项的选定状态。
- setState(boolean b)设置菜单项的选定状态。

5. JRadioButtonMenuItem 类

构造方法：

- JRadioButtonMenuItem()创建一个未设置文本或图标的 JRadioButtonMenuItem。
- JRadioButtonMenuItem(Icon icon)创建一个带图标的 JRadioButtonMenuItem。
- JRadioButtonMenuItem(Icon icon, boolean selected)创建一个具有指定图像和选择状态的单选按钮菜单项,但无文本。
- JRadioButtonMenuItem(String text)创建一个带文本的 JRadioButtonMenuItem。
- JRadioButtonMenuItem(String text, boolean selected)创建一个具有指定文本和选择状态的单选按钮菜单项。
- JRadioButtonMenuItem(String text, Icon icon) 创建一个具有指定文本和 Icon 的单选按钮菜单项。
- JRadioButtonMenuItem(String text, Icon icon, boolean selected)创建一个具有指定的文本、图像和选择状态的单选按钮菜单项。

6. JPopupMenu 类

构造方法:

- JPopupMenu() 构造一个不带"调用者"的 JPopupMenu。
- JPopupMenu(String label)构造一个具有指定标题的 JPopupMenu。

其他方法:

- show(Component invoker, int x, int y)在组件调用者的坐标空间中的位置 X、Y 显示弹出菜单。
- pack()布置容器,让它使用显示其内容所需的最小空间。

7. JSeparator 类

构造方法:

- JSeparator()创建一个新的水平分隔符。
- JSeparator(int orientation)创建一个具有指定水平或者垂直方向的分隔符。

8.1.2 窗体和对话框

在 Java 程序中可作为主界面的类主要有两个:一个是简单的窗体类 JWindow 类;另一个是框架的窗体类 JFrame 类。

JWindow 创建的窗体没有标题栏，也没有最大化、最小化和关闭按钮，JFrame 类创建的窗体是对 JWindow 类创建界面的改进，它创建的界面带有标题栏、窗体管理按钮等其他属性。因此，在创建 Java GUI 程序时，我们主要使用 JFrame 类创建的窗体作为主界面。

JFrame 类常用的构造方法：

- JFrame()构造一个初始时不可见的新窗体。
- JFrame(String title)创建一个新的、初始不可见的、具有指定标题的窗体。

JFrame 其他的常用方法：

- getTitle()获得窗体的标题。
- setTitle(String title)将窗体的标题设置为指定的字符串。
- getAccessibleContext()获得与此 JFrame 关联的 AccessibleContext。
- remove(Component comp)从该容器中移除指定组件。
- setVisible(boolean b)设置窗体的可见性，当参数为 true 可见。
- pack()用紧缩方式显示窗体。
- setBounds(int x, int y, int width, int height)设置窗体位置和大小。
- dispose()关闭窗体。
- setBackground(Color c)设置窗体的底色。
- setSize(int width, int height)设置窗体大小。

对话框(JDialog)是与 JFrame 类似的可移动窗体，它的特点是修饰比较少，并且能被设置为模式(modal)窗体，即在对话框被关闭之前，其他窗体无法接收任何形式的输入。

Swing 提供了各种标准的对话框，有简单的消息对话框，交互式确认的对话框、文件对话框，颜色选择对话框，此外还可以通过继承 JDialog 类创建自己的对话框。

JDialog 类常用的构造方法：

- JDialog(Frame owner)创建一个没有标题但将指定的 Frame 作为其所有者的无模式对话框。
- JDialog(Frame owner, boolean modal)创建一个没有标题但有指定所有者 Frame 的有模式或无模式对话框。
- JDialog(Frame owner, String title) 创建一个具有指定标题和指定所有者窗体的无模式对话框。
- JDialog(Frame owner, String title, boolean modal)创建一个具有指定标题和指定所有者 Frame 的有模式或无模式对话框。

JDialog 常用的其他方法：

● setVisible(boolean c)设置对话框是否可见。

● setLocationRelativeTo(Component c)设置此对话框相对于指定组件的位置。

标准对话框类是 JOptionPane,该类提供了 4 种静态方法来显示不同类型的对话框,如表 8-1 所示。

表 8-1 JOptionPane 的方法及描述

方法名	描述
showConfirmDialog	确认对话框,显示问题,要求用户确认 yes/no/cancel
showInputDialog	输入对话框,提示用户输入
showMessageDialog	信息对话框,告知用户某事已发生
showOptionDialog	选择对话框,显示选项,要求用户选择

其中前 3 个方法都定义了若干个参数不同的同名方法,例如,showConfirmDialog 有 3 个同名方法。

● showConfirmDialog(Component parentComponent, Object message)调出带有选项“Yes”、“No” 和“Cancel”的对话框;标题为“Select an Option”。

● showConfirmDialog (Component parentComponent, Object message, String title, int optionType)调出一个由 optionType 参数确定其中选项数的对话框。

● showConfirmDialog(Component parentComponent, Object message, String title, int optionType, int messageType)调用一个由 optionType 参数确定其中选项数的对话框,messageType 参数确定要显示的图标。

● showConfirmDialog (Component parentComponent, Object message, String title, int optionType, int messageType, Icon icon)调出一个带有指定图标的对话框,其中的选项数由 optionType 参数确定。

● showInputDialog(Component parentComponent, Object message)显示请求用户输入内容的问题消息对话框,它以 parentComponent 为父级。

● showInputDialog(Component parentComponent, Object message, Object initialSelectionValue) 显示请求用户输入内容的问题消息对话框,它以 parentComponent 为父级。

● showInputDialog(Component parentComponent, Object message, String title, int messageType) 显示请求用户提供输入的对话框,它以 parentComponent 为父级,该对话框的标题为 title,消息类型为 messageType。

● showInputDialog(Component parentComponent, Object message, String title, int messageType, Icon icon, Object[]selectionValues, Object initialSelectionValue)提示用户在可以指定初始选择、可能选择及其他所有选项的模块化的对话框中输入内容。

- showInputDialog(Object message)显示请求用户输入的问题消息对话框。
- showInputDialog(Object message, Object initialSelectionValue)显示请求用户输入的问题消息对话框,它带有已初始化为 initialSelectionValue 的输入值。
- showMessageDialog(Component parentComponent, Object message)显示标题为 Message 的信息消息对话框。
- showMessageDialog(Component parentComponent, Object message, String title, int messageType)显示对话框,它显示使用由 messageType 参数确定的默认图标的 message。
- showMessageDialog(Component parentComponent, Object message, String title, int messageType, Icon icon)显示调出一个显示信息的对话框,为其指定了所有参数。

上述方法中的参数说明如表 8-2 所示。

表 8-2 showXXXDialog 方法参数说明

参数	参数说明及取值
Component parentComponent	对话框的父窗口对象
Object message	在对话框中描述的信息,通常是 String 对象
String title	对话框标题
int optionType	对话框按钮类型,取值为: DEFAULT_OPTION YES_NO_OPTION OK_CANCEL_OPTION YES_NO_CANCEL_OPTION
int messageType	对话框所传递的信息类型为: ERROR_MESSAGE 默认图标 INFORMATION_MESSAGE 默认图标 WARNING_MESSAGE 默认图标 QUESTION_MESSAGE 默认图标 PLAIN_MESSAGE
Icon icon	对话框上显示的图标,如果没有指定就根据 messageType 参数显示默认图标
Object initialSelectionValue	初始选项或输入值
Object[]selectionValues	对话框上的选项(在输入对话框中,通常以组合框显示)

文件对话框(JFileChooser)是专门用于对文件(或目录)进行浏览和选择的对

话框。

JFileChooser 常用的构造方法：

- JFileChooser()构造一个指向用户默认目录的 JFileChooser。
- JFileChooser(File currentDirectory)使用给定的 File 作为路径来构造 JFileChooser。
- JFileChooser(String currentDirectoryPath)构造一个使用给定路径的 JFileChooser。

如果用构造方法创建的文件对话框不可见了，可以调用以下方法将其显示出来：

- showOpenDialog(Component parent)弹出一个"Open File"文件选择器对话框。
- showSaveDialog(Component parent)弹出一个"Save File"文件选择器对话框。
- showDialog(Component parent, String approveButtonText)弹出具有自定义 approve 按钮的自定义文件选择器对话框。

8.2 实训十三 创建菜单

8.2.1 场景分析

Tony 公司要为某个人设计一个具有个性化的文本编辑器。设计该程序的第一步就是设计一个具有菜单的界面，菜单的组成如图 8-3 所示。

文件		编辑		设置		帮助
新建	Ctrl+N	剪切	Ctrl+X	字体样式		关于
					粗体	Ctrl+B
打开	Ctrl+O	复制	Ctrl+C			
					斜体	Ctrl+I
保存	Ctrl+S	粘贴	Ctrl+V	前景色		
另存为	Ctrl+A	查找	Ctrl+F	背景色		
退出	Alt + X					

图 8-3 文本编辑器菜单组成

其中有关于新建、打开、保存和另存为的功能关系到文件的读写，这部分内容将在第 10 章介绍。

8.2.2 代码编写

```
//MyTextEditor.java
import java.awt.*;
import java.awt.event.*;
import javax.swing.*;
public class MyTextEditor extends JFrame{
    private JMenuBar tdMenuBar;
    private JMenu fileMenu,editMenu,setMenu,setFontStyle,help
    Menu;
     private JMenuItem newMenuItem, openMenuItem, saveMenuItem,
     saveAsMenuItem,exitMenuItem;
     private JMenuItem copyMenuItem, pasteMenuItem, cutMenuItem,
     findMenuItem;
    private JMenuItem FcolorMenuItem,BcolorMenuItem;
     private JCheckBoxMenuItem fontBoldMenuItem,fontItalicMenu
     Item;
    private JMenuItem aboutMenuItem;
    private JScrollPane textScrollPane;
    private JTextArea textBox;
    public MyTextEditor(){
        initGUI();
        setSize(500,300);
    }
    //初始化 GUI 界面
    private void initGUI(){
        textScrollPane=new JScrollPane();
        setTitle("简单文本编辑器");
        //注册窗口监听器
        this.addWindowListener(new WindowAdapter(){
          public void windowClosing(WindowEvent e){exitForm(e);}
        });
        getContentPane().add(textScrollPane,BorderLayout.CEN
```

```
TER);
textBox=new JTextArea();
textScrollPane.setViewportView(textBox);

//创建菜单栏
tdMenuBar=new JMenuBar();
//文件菜单设置
fileMenu=new JMenu("文件");
newMenuItem=new JMenuItem("新建");
//new 菜单加速键的设置

newMenuItem. setAccelerator ( KeyStroke. getKeyStroke
(KeyEvent.VK_N,InputEvent.CTRL_MASK));
openMenuItem=new JMenuItem("打开……");
//open 菜单加速键的设置

openMenuItem. setAccelerator ( KeyStroke. getKeyStroke
(KeyEvent.VK_O,InputEvent.CTRL_MASK));
saveMenuItem=new JMenuItem("保存");
//save 菜单加速键的设置

saveMenuItem. setAccelerator ( KeyStroke. getKeyStroke
(KeyEvent.VK_S,InputEvent.CTRL_MASK));
saveAsMenuItem=new JMenuItem("另存为……");
//saveAs 菜单加速键的设置

saveAsMenuItem. setAccelerator ( KeyStroke. getKeyStroke
(KeyEvent.VK_A,InputEvent.CTRL_MASK));
exitMenuItem=new JMenuItem("退出");
//exit 菜单加速键的设置

exitMenuItem. setAccelerator ( KeyStroke. getKeyStroke
(KeyEvent.VK_X,InputEvent.ALT_MASK));

tdMenuBar.add(fileMenu);
//菜单栏中添加文件菜单
//文件菜单中添加各菜单项
fileMenu.add(newMenuItem);
```

```
fileMenu.add(openMenuItem);
fileMenu.add(new JSeparator());
//添加分隔条
fileMenu.add(saveMenuItem);
fileMenu.add(saveAsMenuItem);
fileMenu.add(new JSeparator());
fileMenu.add(exitMenuItem);
//窗口上添加菜单栏
this.setJMenuBar(tdMenuBar);

//编辑菜单设置
editMenu=new JMenu("编辑");
copyMenuItem=new JMenuItem("复制");
copyMenuItem. setAccelerator ( KeyStroke. getKeyStroke
(KeyEvent.VK_C,InputEvent.CTRL_MASK));
pasteMenuItem=new JMenuItem("粘贴");
pasteMenuItem. setAccelerator ( KeyStroke. getKeyStroke
(KeyEvent.VK_V,InputEvent.CTRL_MASK));
cutMenuItem=new JMenuItem("剪切");
cutMenuItem. setAccelerator ( KeyStroke. getKeyStroke
(KeyEvent.VK_X,InputEvent.CTRL_MASK));
findMenuItem=new JMenuItem("查找...");
findMenuItem. setAccelerator ( KeyStroke. getKeyStroke
(KeyEvent.VK_F,InputEvent.CTRL_MASK));

//添加编辑菜单到菜单栏
tdMenuBar.add(editMenu);
//添加菜单项到编辑菜单
editMenu.add(cutMenuItem);
editMenu.add(copyMenuItem);
editMenu.add(pasteMenuItem);
editMenu.add(new JSeparator());
editMenu.add(findMenuItem);
```

```
//设置菜单设置
setMenu =new JMenu("设置");
setFontStyle=new JMenu("字体样式");
fontBoldMenuItem=new JCheckBoxMenuItem("粗体");
 fontBoldMenuItem.setAccelerator(KeyStroke.getKeyStroke
 (KeyEvent.VK_B,InputEvent.CTRL_MASK));
fontItalicMenuItem=new JCheckBoxMenuItem("斜体");
fontItalicMenuItem.setAccelerator(KeyStroke.getKey
Stroke(KeyEvent.VK_I,InputEvent.CTRL_MASK));
FcolorMenuItem=new JMenuItem("前景色");
BcolorMenuItem=new JMenuItem("背景色");

tdMenuBar.add(setMenu);
setMenu.add(setFontStyle);
setMenu.addSeparator();
setMenu.add(FcolorMenuItem);
setMenu.add(BcolorMenuItem);
setFontStyle.add(fontBoldMenuItem);
setFontStyle.add(fontItalicMenuItem);


//帮助菜单设置
helpMenu=new JMenu("帮助");
aboutMenuItem=new JMenuItem("关于");

tdMenuBar.add(helpMenu);
helpMenu.add(aboutMenuItem);

//为各个菜单项注册相应的监听器
newMenuItem.addActionListener(new ActionListener(){
  public void actionPerformed(ActionEvent e){
    newMenuItemActionPerformed();
  }
});
```

```
    openMenuItem.addActionListener(new ActionListener(){
    public void actionPerformed(ActionEvent e){
      openMenuItemActionPerformed();
    }
});
saveMenuItem.addActionListener(new ActionListener(){
    public void actionPerformed(ActionEvent e){
        saveMenuItemActionPerformed();
    }
});
saveAsMenuItem.addActionListener(new ActionListener(){
    public void actionPerformed(ActionEvent e){
        saveAsMenuItemActionPerformed();
    }
});
exitMenuItem.addActionListener(new ActionListener(){
    public void actionPerformed(ActionEvent e){
        System.exit(0);
    }
});
pasteMenuItem.addActionListener(new ActionListener(){
    public void actionPerformed(ActionEvent e){
        //把剪贴板的内容粘贴到文本区域中
        textBox.paste();
    }
});
cutMenuItem.addActionListener(new ActionListener(){
    public void actionPerformed(ActionEvent e){
        //把选定的内容剪切到剪切板中
        textBox.cut();
    }
});
copyMenuItem.addActionListener(new ActionListener(){
    public void actionPerformed(ActionEvent e){
```

```
            //把选定的内容复制到剪切板中
            textBox.copy();
        }
    });
    FcolorMenuItem.addActionListener(new ActionListener(){
        public void actionPerformed(ActionEvent e){
            FcolorMenuItemActionPerformed();

        }
    });
    BcolorMenuItem.addActionListener(new ActionListener(){
        public void actionPerformed(ActionEvent e){
            BcolorMenuItemActionPerformed();
        }
    });
    findMenuItem.addActionListener(new ActionListener(){
        public void actionPerformed(ActionEvent e){
            findMenuItemActionPerformed();
        }
    });
    aboutMenuItem.addActionListener(new ActionListener(){
        public void actionPerformed(ActionEvent e){
            aboutMenuItemActionPerformed();
        }
    });
    fontBoldMenuItem.addActionListener(new ActionListener(){
        public void actionPerformed(ActionEvent e){
            fontStyleActionPerformed();
        }
    });
    fontItalicMenuItem.addActionListener(new ActionListener(){
        public void actionPerformed(ActionEvent e){
            fontStyleActionPerformed();
        }
```

```
        });
    }
        private void newMenuItemActionPerformed(){
            //代码省略

        }
        private void openMenuItemActionPerformed(){
            //代码省略
        }
        private void saveMenuItemActionPerformed(){
            //代码省略
        }
        private void saveAsMenuItemActionPerformed(){
            //代码省略
        }
        private void fontStyleActionPerformed(){
            int bold,italic;
            bold=(fontBoldMenuItem.isSelected()? Font.BOLD:Font.
            PLAIN);
            italic=(fontItalicMenuItem.isSelected()? Font.ITALIC:
            Font.PLAIN);
            //设置文本框字体样式
            textBox.setFont(new Font("Serif",bold+italic,12));
        }

        private void findMenuItemActionPerformed(){
            //代码省略
        }
        private void FcolorMenuItemActionPerformed(){
            //代码省略
        }
        private void BcolorMenuItemActionPerformed(){
            //代码省略
        }
```

```
    private void aboutMenuItemActionPerformed(){
        //代码省略
    }
    private void exitForm(WindowEvent e){
        //结束程序
        System.exit(0);
    }
    public static void main(String args[]){
        new MyTextEditor().setVisible(true);
    }
}
```

运行的效果如图 8-4 所示。

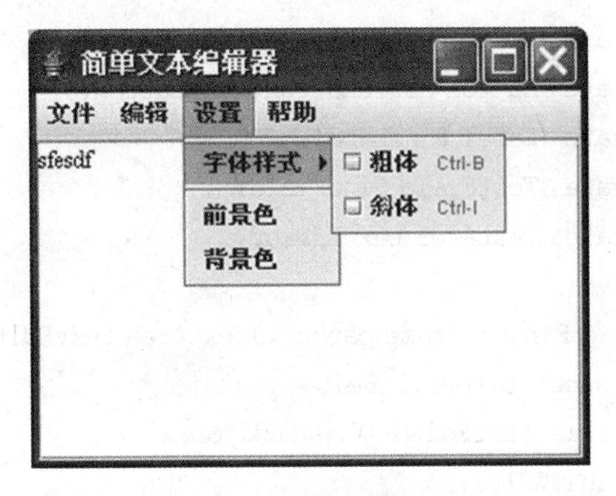

图 8-4　实训十三运行效果

8.3　实训十四　多窗体程序

8.3.1　场景分析

实训十三中有部分菜单功能没有实现,如颜色设置、查找功能、帮助中的关于选项等。要想将这些功能实现,仅仅一个窗体是不够的,需要多窗体同时运行。下面我们将实训十三的代码做一些扩充,使得这个本文编辑器能实现颜色设置等功能。

8.3.2 代码编写

查找对话框程序如下：

```
//Finder.java
import java.awt.*;
import java.awt.event.*;
import javax.swing.*;

//自定义对话框类,实现在text文档中查找相应的文本串的值
//查找成功,返回文本串的位置,不成功则什么都不做
public class Finder extends JDialog {
    private JPanel buttonPanel,findPanel;
    private JButton closeButton,findButton;
    private JLabel findLabel;
    private JTextField findField;
    private JTextArea textEditor;

    public Finder(Frame parent,JTextArea textEditor){
        super(parent,true);
        this.textEditor=textEditor;
        initGUI();
        pack();
        this.setLocationRelativeTo(parent);
        findField.requestFocus();
    }
    //初始化GUI界面
    private void initGUI(){
        GridBagConstraints gbc;
        findPanel=new JPanel();
        findLabel=new JLabel();
        findField=new JTextField();
        buttonPanel=new JPanel();
        findButton=new JButton("查找");
```

```
    closeButton=new JButton("关闭");

    this.getContentPane().setLayout(new GridBagLayout());
    this.setTitle("查找");

    this.addWindowListener(new WindowAdapter(){
      public void windowClosing(WindowEvent e){
      closeDialog(e);
    }
});
this.getAccessibleContext().setAccessibleName("Find Dia
log");
this.getAccessibleContext().setAccessibleDescription("Find
dialog");

findPanel.setLayout(new GridBagLayout());
findLabel.setLabelFor(findField);
findLabel.setText("查找内容");

findPanel.add(findLabel,new GridBagConstraints());
findLabel.getAccessibleContext().setAccessibleDescription("
Find text");

//为 findField 注册监听器
findField.addActionListener(new ActionListener(){
  public void actionPerformed(ActionEvent e){
    findFieldActionPerformed(e);
  }
});
gbc=new GridBagConstraints();
gbc.fill=GridBagConstraints.HORIZONTAL;
gbc.weightx=1.0;
gbc.insets=new Insets(0,5,0,0);
```

```
findPanel.add(findField,gbc);

findField.getAccessibleContext().setAccessibleName("Find
Filed");
findField.getAccessibleContext().setAccessibleDescription("
Find field");

gbc=new GridBagConstraints();
gbc.fill=GridBagConstraints.BOTH;
gbc.insets=new Insets(11,12,0,11);

this.getContentPane().add(findPanel,gbc);

buttonPanel.setLayout(new GridBagLayout());
//为 findButton 注册监听器
findButton.addActionListener(new ActionListener(){
    public void actionPerformed(ActionEvent e){
      findButtonActionPerformed(e);
    }
});

buttonPanel.add(findButton,new GridBagConstraints());
//为 closeButton 注册监听器
closeButton.addActionListener(new ActionListener(){
    public void actionPerformed(ActionEvent e){
      closeButtonActionPerformed(e);
    }
});

gbc=new GridBagConstraints();
gbc.insets=new Insets(0,5,0,0);
buttonPanel.add(closeButton,gbc);

gbc=new GridBagConstraints();
```

```
    gbc.gridx=0;
    gbc.gridy=1;
    gbc.anchor=GridBagConstraints.SOUTHEAST;
    gbc.insets=new Insets(17,12,11,11);

    this.getContentPane().add(buttonPanel,gbc);
    }
    //当文本框输入回车键时,findFieldActionPerformed 被调用
  private void findFieldActionPerformed(ActionEvent e){
    if (findField.getText().trim().length()>0){
        findButton.doClick();
    //调用 findButton 的相应方法
    }
  }
  //当 findButton(查找按钮)被按下时,findButtonActionPerformed
  被执行
  private void findButtonActionPerformed(ActionEvent e){
    String text=textEditor.getText();
    String textToFind=findField.getText();
    if (! textToFind.equals("")){
        int index=text.indexOf(textToFind);
        if(index! =-1){
            textEditor.setSelectionStart(index);
            textEditor.setSelectionEnd(index+textToFind.length
            ());
        closeDialog(null);
    }

}


}
//当 closeButton(关闭按钮)被按钮下时,closeButtonActionPerformed
//被执行
private void closeButtonActionPerformed(ActionEvent e){
```

```
        closeDialog(null);
    }
    //对话框被关闭时,closeDialog 方法被调用
    private void closeDialog(WindowEvent e){
        this.setVisible(false);
        dispose();
    }
}
```

关于对话框程序如下

```
//About.java
import java.awt.*;
import java.awt.event.*;
import javax.swing.*;
public class About extends JDialog{

    private JTextField textField;
    public About(Frame parent){
        super(parent,true);
        initGUI();
        pack();
        this.setLocationRelativeTo(parent);
    }
    public void initGUI(){
        textField=new JTextField();
        this.setTitle("关于文本编辑器");
        this.addWindowListener(new WindowAdapter(){
            public void windowClosing(WindowEvent e){
                closeDialog(e);
            }
        });
        this.getAccessibleContext().setAccessibleName("About
        Dialog");
        this.getAccessibleContext().setAccessibleDescription("
```

```
        About dialog");

        textField.setEditable(false);
        textField.setText("这是一个简单文本编辑器。开发者
        XXX");

        this.getContentPane().add(textField,BorderLayout.CEN
        TER);
        textField.getAccessibleContext().setAccessibleName("A
        bout Text");
        textField.getAccessibleContext().setAccessibleDescrip
        tion("About text.");

    }
    private void closeDialog(WindowEvent e){
        this.setVisible(false);
        dispose();
    }
}
```

对 MyEditor.java 程序进行部分扩充:

```
private void FcolorMenuItemActionPerformed(){
    Color newColor=JColorChooser.showDialog(this,"设置字体颜
    色",textBox.getForeground());
        if (newColor! =null)
            textBox.setForeground(newColor);

}
private void BcolorMenuItemActionPerformed(){
    Color newColor=JColorChooser.showDialog(this,"设置背景颜
    色",textBox.getBackground());
        if (newColor! =null)
            textBox.setBackground(newColor);
}
```

```
private void aboutMenuItemActionPerformed(){
    new About(this).setVisible(true);
}
private void findMenuItemActionPerformed(){
    new Finder(this,textBox).setVisible(true);
}
```

运行结果如图 8-5,图 8-6 所示。

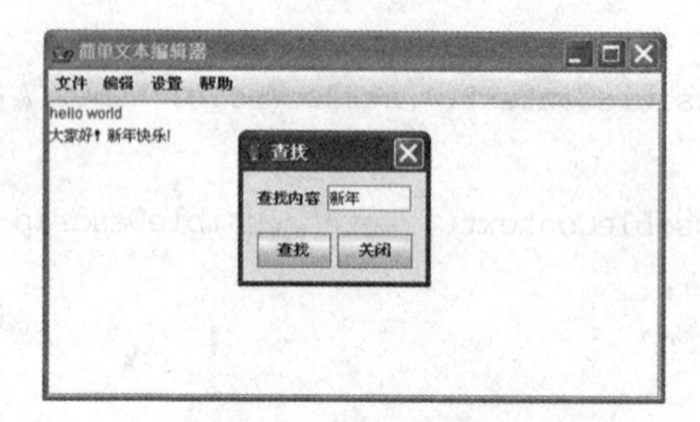

图 8-5 查找对话框

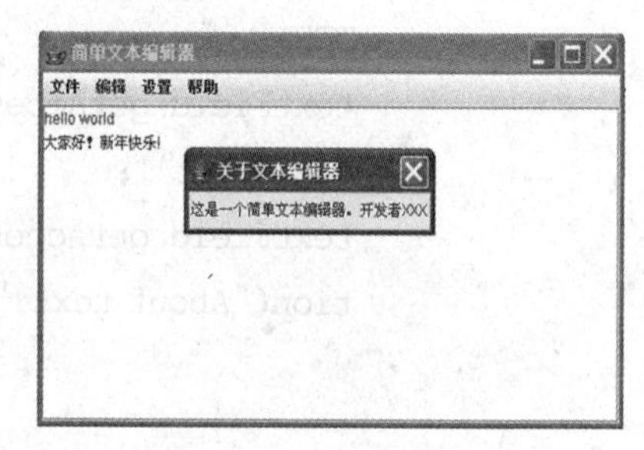

图 8-6 文本对话框

小结

本章通过建立一个简单的文本编辑器,学习了 Java GUI 组件中的菜单、框架、对话框的建立和使用。

指导练习

1. 阅读并补充练习

```
//DemoJPopupMenu.java
import java.awt.*;
import javax.swing.*;
import java.awt.event.*;

public class DemoJPopupMenu extends JFrame {
  JMenu fileMenu;
  JPopupMenu jPopupMenuOne;
```

```
JMenuItem openFile,closeFile,exit;
JRadioButtonMenuItem copyFile,pasteFile;
ButtonGroup buttonGroupOne;

public DemoJPopupMenu(){
  jPopupMenuOne = new JPopupMenu();
  //创建 jPopupMenuOne 对象
  buttonGroupOne=new ButtonGroup();

  //创建文件菜单及子菜单,并将子菜单添加到文件菜单中
  fileMenu=new JMenu("文件");
  openFile=new JMenuItem("打开");
  closeFile=new JMenuItem("关闭");

  fileMenu.add(openFile);
      fileMenu.add( closeFile);
      jPopupMenuOne.add(fileMenu);
      //将 fileMenu 菜单添加到弹出式菜单中
      jPopupMenuOne.addSeparator();
      //添加分割符

      //创建单选菜单项,并添加到 ButtonGroup 对象中
    copyFile=new JRadioButtonMenuItem("复制");
      pasteFile=new JRadioButtonMenuItem("粘贴");

      buttonGroupOne.add(copyFile);
      buttonGroupOne.add(pasteFile);
      jPopupMenuOne.add(copyFile);
      将 copyFile 添加到 jPopupMenuOne 中
      jPopupMenuOne.add(pasteFile);
      将 pasteFile 添加到 jPopupMenuOne 中
      jPopupMenuOne.addSeparator();

      exit=new JMenuItem("退出");
```

```
        jPopupMenuOne.add(exit);
        //将 exit 添加到 jPopupMenuOne 中创建监听器对象
        MouseListener popupListener = new PopupListener(jPopup
        MenuOne);
        this.addMouseListener(popupListener);
        //向主窗口注册监听器
        this.setTitle("弹出式菜单的简单使用");
        this.setBounds(100,100,250,150);
        this.setVisible(true);
        this.setDefaultCloseOperation(JFrame.EXIT_ON_CLOSE);
    }

    public static void main(String args[]){
        new DemoJPopupMenu();
    }

    //添加内部类,其扩展了 MouseAdapter 类,用来处理鼠标事件

    class PopupListener extends MouseAdapter {
        JPopupMenu popupMenu;
        PopupListener(JPopupMenu popupMenu) {
            this.popupMenu = popupMenu;
        }

        public void mousePressed(MouseEvent e) {
            showPopupMenu(e);
        }
        public void mouseReleased(MouseEvent e) {
        showPopupMenu(e);
        }
        private void showPopupMenu(MouseEvent e) {
            if (e.isPopupTrigger())
            //如果当前事件与鼠标事件相关,则弹出菜单
```

```
                popupMenu.show(e.getComponent(),e.getX(), e.
                getY());
            }
        }
    }
}
```

2. 阅读并补充练习

```
import java.awt.*;
import java.awt.event.*;
import javax.swing.*;
import java.io.*;
public class DemoJFileChooser {
    JFrame frame=new JFrame("文件对话框示例");
    JFileChooser fc=new JFileChooser();
    JTextField tf=new JTextField();
    JButton openButton,saveButton,deleteButton;

    public static void main(String args[]){
    DemoJFileChooser dfc=new DemoJFileChooser();
    dfc.go();
    }
    public void go(){
        ImageIcon openIcon=new ImageIcon("open.gif");
        openButton=new JButton("打开文件……",openIcon);
        openButton.addActionListener(new ActionListener(){
            public void actionPerformed(ActionEvent e){
            int select=fc.showOpenDialog(frame);
            if(select==JFileChooser.APPROVE_OPTION){
                File file=fc.getSelectedFile();
                tf.setText("Opening:"+file.getName());
            }
            else{
```

```
                tf.setText("Open command cancelled by user");
            }
            }
        });

        ImageIcon saveIcon=new ImageIcon("save.gif");
        saveButton=new JButton("保存文件...",saveIcon);
        saveButton.addActionListener(new ActionListener(){
            public void actionPerformed(ActionEvent e){
                int select=fc.showSaveDialog(frame);
                if(select==JFileChooser.APPROVE_OPTION){
                    File file=fc.getSelectedFile();
                    tf.setText("Saving:"+file.getName());
                }
                else{
                tf.setText("Save command cancelled by user");
                }
            }
        });

    ImageIcon deleteIcon=new ImageIcon("delete.gif");
    deleteButton=new JButton("删除文件……",deleteIcon);
    deleteButton.addActionListener(new ActionListener(){
        public void actionPerformed(ActionEvent e){
            int select=fc.showDialog(frame,"删除");
            if(select==JFileChooser.APPROVE_OPTION){
                File file=fc.getSelectedFile();
                tf.setText("Saving:"+file.getName());
            }
            else{
                tf.setText("Delete command cancelled by user");
            }
```

```
        }
      });

      JPanel panel=new JPanel();
      panel.add(openButton);
      panel.add(saveButton);
      panel.add(deleteButton);

      Container container=frame.getContentPane();
      container.add(panel,BorderLayout.CENTER);
      container.add(tf,BorderLayout.SOUTH);

      frame.setDefaultCloseOperation(JFrame.EXIT_ON_CLOSE);
      frame.setSize(300,200);
      frame.setVisible(true);
    }
}
```

独立练习

为实训十三的简单文本编辑器添加一个弹出式菜单，要求菜单项有“剪切”、“复制”、“粘贴”、“字体样式”等选项。

第9章 线程处理

9.1 概念解析

9.1.1 线程的基本概念

线程是Java中的相当重要的组成部分之一。当今流行的操作系统几乎都支持进程和线程的概念。所谓进程可以理解为一个程序的一次执行过程。在计算机系统中,同一时刻可以存在多个进程,每个进程有自己的地址空间,拥有一定的资源。而线程是进程的实体,也称为轻量进程。之所以将线程称为轻量进程是因为除了占有少量必需资源之外线程几乎不占用任何其他资源。线程是进程内部单一的顺序控制流,一个进程可以包含多个同时执行的线程,这些线程共享进程的资源,线程是程序运行的最小单位。简言之,就是线程可以让一个程序同时做多样事情。也就是说,当程序需要并发运行时,就要使用线程。

9.1.2 线程的状态和生命周期

线程是动态的,具有一定的生命周期。一个线程在任何时刻都处于某种线程状态。图 9-1 表示的是线程的 4 种不同的状态和这 4 种不同状态之间的转换。

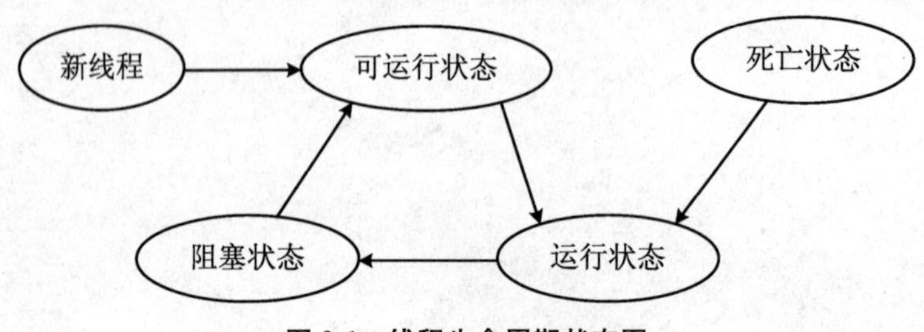

图 9-1 线程生命周期状态图

1. 新线程状态

一个线程的生命周期从创建一个线程类对象开始，此时的线程仅仅作为一个对象实力存在，并没有为其分配系统资源，处于各个状态的线程只能对其进行start 操作。

2. 可运行状态

在处于新线程状态的线程调用 start 方法就将线程的状态转换为可运行状态。这时线程已经得到了除 CPU 之外的其他系统资源，只等 JVM 的线程调度器按线程的优先级对线程进行调度。

3. 运行状态

对于单 CPU 的系统，不可能同时运行多个线程，JVM 的线程调度器按一定的方案是的处于可运行状态的线程分时占用 CPU。获得了 CPU 资源的线程就进入了运行状态。处于运行状态的线程执行的是 run 方法。

4. 阻塞状态

处于运行状态的线程，由于需要等待某种资源或条件而不得不暂停运行，就进入阻塞状态。阻塞状态有几种情况，我们会在后面的内容向大家介绍。当导致线程阻塞的原因消失后，线程将转到克运行状态。

5. 死亡状态

当线程的 run 方法运行结束或者调用线程对象的 stop 方法后，线程将终止运行，处于死亡状态。Java 垃圾收集器能够从内存中删除该线程对象。

9.1.3 线程的调度与优先级

在单 CPU 的系统中，多个线程共享一个 CPU，在任何时刻都只有一个线程拥有 CPU 资源处于运行状态。

Java 采用的是一种简单、固定的调度法，即固定优先级调度。这种算法是根据处于可运行态线程的相对优先级来实行调度。当线程产生时，它继承原线程的优先级。在需要时可对优先级进行修改。在任何时刻，如果有多条线程等待运行，系统选择优先级最高的可运行线程运行。只有当它停止、自动放弃或由于某种原因成为非运行态时，低优先级的线程才能运行。如果两个线程具有相同的优先级，它们将被交替地运行。

Java实时系统的线程调度算法还是强制性的，在任何时刻，如果一个比其他线程优先级都高的线程的状态变为可运行态，实时系统将选择该线程来运行。

9.1.4 创建线程的方法

Java提供了两种方法来创建线程，一种是通过扩展java.lang.Thread类创建，另一种是通过实现java.lang,Runnable接口创建。例如：

```
class MyThread extends Thread{
        public void run(){
            线程执行体;
        }
}
class MyThread implements Runnable{
        Thread thread
        public XXX(){
            thread=new Thread(this);
        }
        public void run(){
            线程执行体(一般是在while(true)循环体中并有sleep方法);
        }

}
```

Thread类中常用的方法如下：

- getName()获得线程的名称。
- getPriority()获得线程的优先级。
- isAlive()判断线程是否运行。
- join()等待一个线程终止。
- run()用来定义线程对象被调用之后所执行的操作
- sleep(int millsecond)使线程休眠一段时间
- start()通过调用方法来启动线程。
- wait()执行该方法的线程进入阻塞状态，同时释放同步对象的锁旗标，并自动进入互斥对象的等待队列。
- notify()唤醒正在等待该对象锁旗标的第一个线程。

- notifyAll()唤醒正在等待该对象锁旗标的所有线程，具有最高优先级的线程首先被唤醒并被执行。
- synchronized 同步关键字，当一个线程用这个方法操作时，不允许其他线程对这个方法进行操作，从而保证了线程间的互斥。

在这些方法中，最重要的方法是 run()，在创建的 Thread 类的子类中重写 run()，加入线程所要执行的代码即可。run()方法也被称为线程体。run()方法不能直接被调用，只有通过调用 start()方法来启动线程。在调用 start()方法的时候，start()方法会先进行与多线程相关的初始化，然后再调用 run()方法。

9.2 实训十五 计时器处理

9.2.1 场景分析

Tony 公司要为某学校开发一个简单的模拟考试系统，该考试系统要求学生在规定的时间内完成试题。考试系统从文件中读取试题，学生做完题目后可以查看分数。由于考试有规定的时间，所以需要有一个计时器计时，这个计时器可以用一个线程来实现。

9.2.2 代码编写

```
//Test.java
import java.awt.*;
import java.awt.event.*;
import javax.swing.*;

public class Test extends JFrame{
    TestArea testPanel=null;
    Container con=null;
    public Test(){
        super("模拟考试");
        testPanel=new TestArea();
        con=getContentPane();
```

```
        con.add(testPanel,BorderLayout.CENTER);
            addWindowListener(new WindowAdapter(){
            public void windowClosing(WindowEvent e){ System.
            exit(0);
            }
            });
                setBounds(60,40,660,400);
                setVisible(true);
        }

        public static void main(String args[]){
            new Test();
        }
    }

    //TestArea.java
    import java.awt.*;
    import javax.swing.*;
    import java.awt.event.*;
    import java.io.*;
    class FileName implements FilenameFilter {
        String str=null;
        FileName (String s){
            str="."+s;
        }

        public boolean accept(File dir,String name){
            return name.endsWith(str);
        }
    }

    public class TestArea extends JPanel implements ActionListener,
ItemListener,Runnable{
        JComboBox list=null;
```

```
JTextArea questionDisplay=null,messageDisplay=null;
JRadioButton box[];
JButton submit,readNextQuestion,showScore;
ReadTestquestion readQuestion=null;
JLabel welcomeLabel=null;
Thread countTime=null;
long time=0;
JTextField timeShow=null;
boolean stopTimer=false;
public TestArea(){
  list= new JComboBox();
  //试题存放目录
  File dir=new File("c:\\");
  //试题文件的扩展名为txt
  FileName fileTxt=new FileName("txt");
  String fileName[]=dir.list(fileTxt);
  for(int i=0;i<fileName.length;i++){
    list.addItem(fileName[i]);
  }
  questionDisplay=new JTextArea(15,12);
  questionDisplay.setLineWrap(true);
  questionDisplay.setWrapStyleWord(true);
  questionDisplay.setFont(new Font("TimesRoman",Font.PLAIN,
  14));
  questionDisplay.setForeground(Color.blue);
  messageDisplay=new JTextArea(8,8);
  messageDisplay.setForeground(Color.blue);
  messageDisplay.setLineWrap(true);
  messageDisplay.setWrapStyleWord(true);
  countTime=new Thread(this);
  String s[]={"A","B","C","D"};
  box=new JRadioButton[4];
  ButtonGroup btg;
  btg=new ButtonGroup();
```

```
for(int i=0;i<4;i++){
  box[i]=new JRadioButton(s[i]);
  btg.add(box[i]);
}
submit=new JButton("提交该题答案");
readNextQuestion=new JButton("读取第一题");
readNextQuestion.setForeground(Color.blue);
submit.setForeground(Color.blue);
showScore=new JButton("查看分数");
showScore.setForeground(Color.blue);
submit.setEnabled(false);
submit.addActionListener(this);
readNextQuestion.addActionListener(this);
showScore.addActionListener(this);
list.addItemListener(this);
readQuestion=new ReadTestquestion();
JPanel pAddbox=new JPanel();
for(int i=0;i<4;i++){
  pAddbox.add(box[i]);
}
Box boxH1=Box.createVerticalBox(),
boxH2=Box.createVerticalBox(),
baseBox=Box.createHorizontalBox();
boxH1.add(new JLabel("选择试题文件"));
boxH1.add(list);

boxH1.add(new JScrollPane(messageDisplay));
boxH1.add(showScore);
timeShow=new JTextField(20);
timeShow.setHorizontalAlignment(SwingConstants.RIGHT);
timeShow.setEditable(false);
JPanel p1=new JPanel();
p1.add(new JLabel("剩余时间:"));
p1.add(timeShow);
```

```
        boxH1.add(p1);
        boxH2.add(new JLabel("试题内容:"));
        boxH2.add(new JScrollPane(questionDisplay));
        JPanel p2=new JPanel();
        p2.add(pAddbox);
        p2.add(submit);
        p2.add(readNextQuestion);
        boxH2.add(p2);
        baseBox.add(boxH2);
        baseBox.add(boxH1);
        setLayout(new BorderLayout());
        add(baseBox,BorderLayout.CENTER);
        welcomeLabel=new JLabel("模拟考试",JLabel.CENTER);
        welcomeLabel.setFont(new Font("隶书",Font.PLAIN,24));
        welcomeLabel.setForeground(Color.blue);
        add(welcomeLabel,BorderLayout.NORTH);
    }

    public void itemStateChanged(ItemEvent e){
        timeShow.setText(null);
        stopTimer=false;
        String name=(String)list.getSelectedItem();
        readQuestion.setFilename(name);
        readQuestion.setTestFinish(false);
        time=readQuestion.getTime();
        if(countTime.isAlive()) {
          stopTimer=true;
          countTime.interrupt();
        }
        countTime=new Thread(this);
        messageDisplay.setText(null);
        questionDisplay.setText(null);
        readNextQuestion.setText("读取第一题");
        submit.setEnabled(false);
```

```
        readNextQuestion.setEnabled(true);
        welcomeLabel.setText("欢迎考试,你选择的试题:"+readQues
        tion.getFilename());
    }

    public void actionPerformed(ActionEvent e){
        if(e.getSource()==readNextQuestion){
            readNextQuestion.setText("读取下一题");
            submit.setEnabled(true);
            String contentTest=readQuestion.getTestContent();
            questionDisplay.setText(contentTest);
            messageDisplay.setText(null);
            readNextQuestion.setEnabled(false);
            try{
                countTime.start();
            }catch(Exception event){}
        }
        if(e.getSource()==submit){
            readNextQuestion.setEnabled(true);
            submit.setEnabled(false);
            String answer="?";
            for(int i=0;i<4;i++){
                if(box[i].isSelected()){
                    answer=box[i].getText();
                    box[i].setSelected(false);
                    break;
                }
            }
            readQuestion.setSelection(answer);
        }
        if(e.getSource()==showScore){
            int score=readQuestion.getScore();
            String messages=readQuestion.getMessages();
            messageDisplay.setText("分数:"+score+"\n"+messages);
```

```
            stopTimer=true;
            questionDisplay.setText("您已经查看了分数,考试结束!");
            submit.setEnabled(false);
            readNextQuestion.setEnabled(false);
            countTime.interrupt();
        }
    }
    //线程体
    public synchronized void run() {
        while(true){
          if(time<=0){
              stopTimer=true;
              countTime.interrupt();
              submit.setEnabled(false);
              readNextQuestion.setEnabled(false);
              timeShow.setText("用时尽,考试结束");
          }
          else if(readQuestion.getTestFinish()){
              stopTimer=true;
              countTime.interrupt(); //中断计时器
              submit.setEnabled(false);
              readNextQuestion.setEnabled(false);
          }
          else if(time>=1){
              //计算并显示剩余时间
              time=time-1000;
              long leftTime=time/1000;
              long leftHour=leftTime/3600;
              long leftMinute=(leftTime-leftHour*3600)/60;
              long leftSecond=leftTime%60;
              timeShow.setText(""+leftHour+"小时"+leftMinute+"
              分"+leftSecond+"秒");
          }
          try{
```

```
                Thread.sleep(1000);
            }
            catch(InterruptedException ee){
                if(stopTimer==true)
                    return ;
            }
        }
    }
}
//ReadTestquestion.java
import java.io.*;
import java.util.*;
  class ReadTestquestion{
    String filename="";
    correctAnswer="";
    //保存标准答案
    testContent="" ;
    selection="" ;
    //保存考生答案
    int score=0;
    long time=0;
    boolean testFinish=false;
    File f=null;
    FileReader in=null;
    BufferedReader reader=null;
    public void setFilename(String name){
      filename="c:\\"+name;
      score=0;
      selection="";
      try {
        if(in!=null && reader!=null){
          in.close();
          reader.close();
        }
```

```
        f=new File(filename);
        System.out.print(filename);
        in=new FileReader(f);
        reader=new BufferedReader(in);
        correctAnswer=(reader.readLine()).trim();
          String temp=(reader.readLine()).trim() ;
          StringTokenizer token=new StringTokenizer(temp,":");
          int hour=Integer.parseInt(token.nextToken()) ;
          int minute=Integer.parseInt(token.nextToken());
          int second=Integer.parseInt(token.nextToken());
          //将考试时间换算成毫秒
          time=1000*(second+minute*60+hour*60*60);
    }
    catch(Exception e){
          testContent="没有选择试题";
    }
}

public String getFilename(){
    return filename;
}

public long getTime(){
    return time;
}

public void setTestFinish(boolean b){
    testFinish=b;
}

public boolean getTestFinish(){
    return testFinish;
}
```

```
public String getTestContent(){
  try{
      String s=null;
      StringBuffer temp=new StringBuffer();
      System.out.print("正在读取试题\n");
      if(reader! =null){
        while((s=reader.readLine())! =null) {
        if(s.startsWith("**"))
        break;
        temp.append("\n"+s);
        if(s.startsWith("endend")){
          in.close();
          reader.close();
          testFinish=true;
        }
      }
        testContent=new String(temp);
      }
      else{
        testContent=new String("没有选择试题");
      }
    }
    catch(Exception e){
      testContent="试题内容为空,考试结束!!";
    }
    return testContent;
  }

  public void setSelection(String s){
    selection=selection+s;
  }

  public int getScore(){
    score=0;
```

```
        int length1=selection.length();
        int length2=correctAnswer.length();
        int min=Math.min(length1,length2);
        for(int i=0;i<min;i++){
          try{
          if(selection.charAt(i)==correctAnswer.charAt(i))
          score++;
        }
        catch(StringIndexOutOfBoundsException e) {
          i=0;
        }
      }
      return score;
    }

    public String getMessages(){
      int length1=selection.length();
      int length2=correctAnswer.length();
      int length=Math.min(length1,length2);
      String message="正确答案:"+correctAnswer.substring(0,
      length)+"\n"+"你的回答:"+selection+"\n";
      return message;
    }
}
```

程序的运行效果如图 9-2 所示。

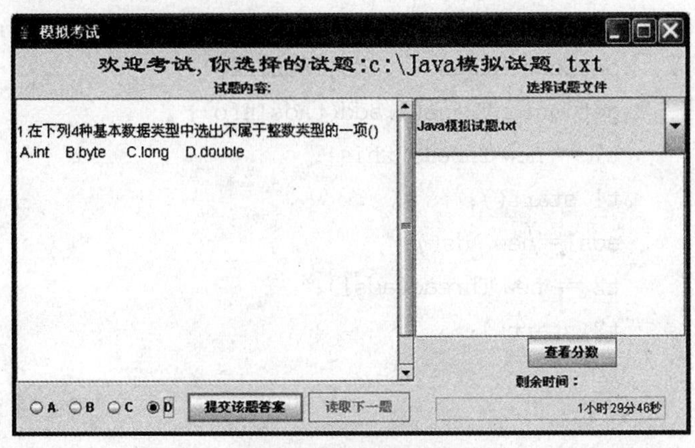

图 9-2 考试系统效果

9.3 实训十六 广告显示

9.3.1 场景分析

Tony公司为某商场开发一个网站,该商场要在网页上显示部分商品的打折信息。

9.3.2 代码编写

```
import javax.swing.*;
import java.awt.*;
public class AdsThread extends JApplet implements Runnable{
    JLabel lAdsInfo;
    JTextField tAdsInfo;
    Ads ads1;
    Thread t1,t2;

    public void init(){
        lAdsInfo = new JLabel("商品折扣信息:");
        tAdsInfo = new JTextField(20);
        getContentPane().setLayout(new FlowLayout());
        getContentPane().add(lAdsInfo);
        getContentPane().add(tAdsInfo);
        t1 = new Thread(this);
        t1.start();
        ads1=new Ads();
        t2 = new Thread(ads1);
        t2.start();
    }
/*在状态栏从右到左循环显示显示"欢迎访问我们的网站!"*/
```

```
    public void run(){
        int i;
        String info="";
        for(i=1 ;i<=100;i++)
            info=info+" ";
        info=info+"欢迎访问我们的网站！";
        i=0;
        while(true){
            this.showStatus(info.substring(i));
            i=i+2;
            if(i>110)i=0;
            try{
                t1.sleep(100);
            }catch(Exception e){}
        }
    }
/*类 Ads 在文本框中循环交替显示商品打折信息*/
    class Adsextends Thread{//通过继承 Thread 创建线程
    public void run(){
        while(true){
            tAdsInfo.setText("Nike 全场 5 折起!");
            try{
                t2.sleep(3000);
            }catch(Exception e){}
            tAdsInfo.setText("阿达斯迪满 300 元立减 100!");
            try{
                t2.sleep(3000);
            }catch(Exception e){}
        }
    }
  }
}
```

程序的运行结果如图 9-3 所示，在状态栏中，文字“欢迎访问我们的网站!”从右向左移动，文本框中的打折信息交替出现。

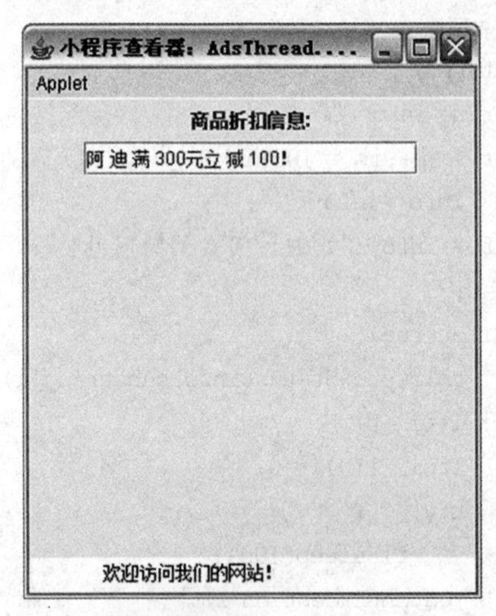

图 9-3　广告显示

通过上面的例子我们可以看出，继承 Runnable 接口只须重写 run()方法就可以了。

小 结

本章介绍了 Java 线程的基本概念和生命周期，以及多线程的编成方法与技巧。通过对本章的学习，读者应学会如何通过 Thread 类和 Runnable 接口创建线程，如何实现多线程的通信与同步。

指导练习

1. 阅读并补充练习(线程通信实现生产者/消费者模型)

```
import java.util. * ;
class Production{
    int number;
    public Production(int number){
```

```
        this.number=number;
    }
}
class myVector extends Vector{
    static int inNumber;
    public myVector(){
        super(1,1);
    }
    synchronized void putElement(){
        try{
            if (this.size()==10) //向量里有10个对象,容器满
                try{
                    System.out.println("没有空间了,等待……");
                    wait();
                }catch(InterruptedException e){}
            else{
                inNumber++;
                Production product=new Production(inNumber);
                addElement(product);
                System.out.println("生产产品:"+product.number);
                notify();
            }
        }
        catch(Exception e){
            System.out.println("interrupted");
        }
    }
    synchronized void getElement(){
        if(this.isEmpty()){//向量空,容器空
            try{
                System.out.println("没有商品了,等待……");
                wait();
            }
            catch(InterruptedException e){
```

```
                System.out.println("thread interrupted"+e);
            }
        }
        Production product=(Production)elementAt(0);
        System.out.println("包装产品:"+product.number);
        this.removeElementAt(0);
        notify();
    }
}
class Product implements Runnable{
    myVector vec;
    public Product(myVector vec){
        this.vec=vec;
        new Thread(this).start();
    }
    public void run(){
        while(true){
          try{
              Thread.sleep((int)(Math.random()*1000));
              //产生一个0～1000的随机数
        }catch(InterruptedException e){}
          vec.putElement();
        }
    }
    public static void main(String agrs[]){
        myVector myvec=new myVector();
        new Product(myvec);
        new Consume(myvec);
    }
}
class Consume implements Runnable{
    myVector vec;
    public Consume(myVector vec){
        this.vec=vec;
```

```
        new Thread(this).start();
    }
    public void run(){
        while(true){
          try{
                Double d1=new Double(Math.random() * 1000);
                Thread.sleep(d1.intValue());
        }catch(InterruptedException e){}
          vec.getElement();
        }
    }
}
```

2. 阅读并补充练习

```
import java.awt. * ;
import java.applet. * ;
public class Animator extends Applet implements Runnable {
    Thread thread;
    int x,y;
    public void init(){
      x=0;
      y=100;
    }
    public void start(){
      thread=new Thread(this);
      thread.start();
      setSize(300,300);
    }
    public void run(){
      boolean direction;
      direction=true;
      while(true){
      if (direction){
        x=x+5;
```

```
            }
            else {
                x=x-5;
            }
            repaint();
            if(x>199) direction=false;
            if(x<0) direction=true;
            try{
                thread.sleep(200);
            }
            catch(InterruptedException e){}

        }
    }
    public void paint(Graphics g){
      g.drawString("Welcome come in!",x,y);
    }
}
```

独立练习

为一款电饭锅设计一个电脑控制的定时器，如果选择煮饭则定时为30分钟，如果选择煲粥则定时为90分钟，如果选择保温则电饭锅一直工作。

第10章 文件处理

10.1 概念解析

文件处理是程序与用户利用文件的输入和输出进行有效和良好的交互。文件的输入可以使程序从键盘、磁盘文件等中接收信息，而文件的输出使程序可以将运算结果等信息输出到屏幕、打印机以及磁盘文件上。为此Java提供了I/O功能包java.io，其中包含5个主要的类，它们是：InputStream，OutputStream，Reader，Writer，File。利用这些类，程序可以很方便的实现多种输入和输出操作和管理。另外，还有对象流DataInputStream和ObjectOutputStream以及接口DataInput、DataOutput、ObjectInput和ObjectOutput，详见Java API。

文件的输入和输出可分为字节流和字符流。字节流主要由InputStream和OutputStream类来完成，字符流由Reader和Writer类完成，但字节流可以转换为字符流。Reader的子类InputStraemReader是将字节流读入，然后转换成字符流输出；同理，Writer的子类InputStreamWriter是将字符流读入，然后转换成字节。其各类及派生类的方法这里不作叙述，请查看Java API。类及派生类如表10-1所示。

表10-1 类及派生类

	InputStream	OutputStream	Reader	Writer
派生类	FileInputStream	FileOnputStream	BufferedReader	PrintWriter
	FilterInputStream	FilterOnputStream	InputStreamReader	BufferedWriter
	DataInputStream	PrintStream	FileReader	OutputStreamWiter
	BufferedInputStream	DataOutputStream		FileWriter
		BufferedOutputStream		

10.2 实训十七 文件读写

10.2.1 场景分析

编写客户个人资料记录档案部分程序。要求接收客户个人资料项目如下：姓名、地址、电话、提供的服务，并将此内容写入到 Dealer.txt 文件中。

10.2.2 代码编写

```
import java.io.*;
public class Dealer
{
  String dealerName;
  String dealerAddress;
  String dealerPhone;
  String dealerServices;
  InputStreamReader keyreader;
  BufferedReader bfreader;
  FileOutputStream fswriter;
  public Dealer()
  {try
    {
      keyreader=new InputStreamReader(System.in);
      bfreader=new BufferedReader(keyreader);
      System.out.println("dealer name:");
      dealerName=bfreader.readLine();
      System.out.println("Address:");
      dealerAddress=bfreader.readLine();
```

```
        System.out.println("phone number:");
        dealerPhone=bfreader.readLine();
        System.out.println("services offered:");
        dealerServices=bfreader.readLine();
        keyreader.close();
        bfreader.close();
        fswriter=new FileOutputStream("c:\\Dealer.txt",true);
        String temp=dealerName+":"+dealerAddress+":"+dealer-
        Phone+":"+dealerServices;
        fswriter.write(temp.getBytes());
        System.out.println("finished");
        fswriter.close();

        }
    catch (FileNotFoundException e)
        {
        System.out.println("not exist");
        }
    catch (IOException e)
        {
        System.out.println("error");
        }
    }
    public static void main(String args[])
    {
        Dealerd=new Dealer();
    }
}
```

程序运行结果如图 10-1 所示。

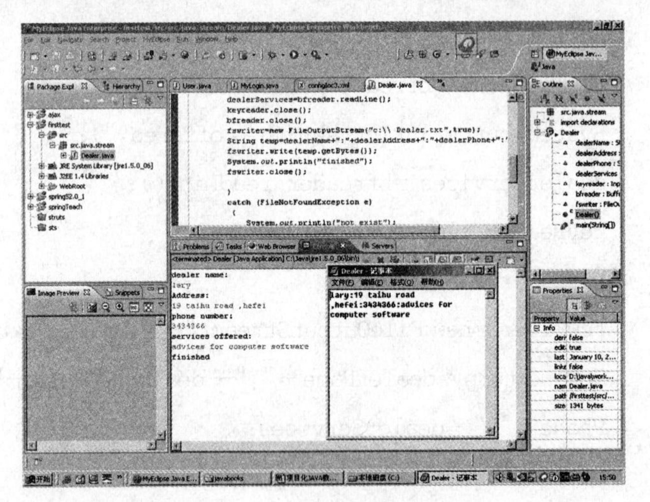

图 10-1 文件读写程序运行结果

10.3 实训十八 文件操作

10.3.1 场景分析

10.3.2 代码编写

```
package src.java.stream;
import java.io.BufferedReader;
import java.io.File;
import java.io.FileReader;
import java.io.FileWriter;
import java.io.IOException;
import java.io.PrintWriter;

public class Files
{
  public static void main(String[] args) throws IOException
  {
```

```
    Files f = new Files();
    // System.out.println(f.readFile("e:\\LinkFile.java"));
    // f.readAllFile("e:\\","LinkFile.java");
    // f.readLineFile("e:\\","LinkFile.java");
    // System.out.println(f.fileIsNull("e:\\","122.txt"));
    // f.readFolderByFile("e:\\PDF");
    // System.out.println(f.createAndDeleteFolder("ss",e:\\"));
    System.out.println(f.createAndDeleteFile("e:\\ss\\","TestFile.
dat"));
    String[] ss = new String[50];
    for(int i=0;i<ss.length;i++){
      ss[i] = "信息技术和互联网(计算机软硬件,通讯)"+i;
    }
    f.writeFile("f:\\ss\\","TestFile.txt",ss);
    }
    /**
     * 文件的写入
     * @param filePath(文件路径)
     * @param fileName(文件名)
     * @param args[]
     * @throws IOException
     */
    public void writeFile(String filePath,String fileName,String[]
args) throws IOException {
        FileWriter fw = new FileWriter(filePath+fileName);
        PrintWriter out=new PrintWriter(fw);
        for(int i=0;i<args.length;i++)
        {
        out.write(args[i]);
        out.println();
        out.flush();
        }
    fw.close();
    out.close();
```

```
    }
    /**
     *文件的写入
     * @param filePath(文件路径)
     * @param fileName(文件名)
     * @param args
     * @throws IOException
     */
    public void writeFile(String filePath, String fileName, String
args) throws IOException {
        FileWriter fw = new FileWriter(filePath+fileName);
        fw.write(args);
        fw.close();
    }
    /**
     *创建与删除文件
     * @param filePath
     * @param fileName
     * @return 创建成功返回 true
     * @throws IOException
     */
    public boolean createAndDeleteFile(String filePath, String
fileName) throws IOException {
        boolean result = false;
        File file = new File(filePath,fileName);
        if(file.exists())
        {
        file.delete();
        result = true;
        System.out.println("文件已经删除!");
        }
        else {
        file.createNewFile();
        result = true;
```

```
        System.out.println("文件已经创建!");
        }
        return result;
    }
    /**
     *创建和删除目录
     * @param folderName
     * @param filePath
     * @return 删除成功返回 true
     */
    public boolean createAndDeleteFolder ( String folderName, String
filePath) {
        boolean result = false;
        try
        {
        File file = new File(filePath+folderName);
        if(file.exists())
        {
        file.delete();
        System.out.println("目录已经存在,已删除!");
        result = true;
        }
        else {
        file.mkdir();
        System.out.println("目录不存在,已经建立!");
        result = true;
        }
        }
        catch(Exception ex) {
          result = false;
          System.out.println("CreateAndDeleteFolder is error:"+ex);
        }
        return result;
    }
```

```
    /**
    *输出目录中的所有文件及目录名字
    * @param filePath
    */
      public void readFolderByFile(String filePath)
      {
      File file = new File(filePath);
      File[] tempFile = file.listFiles();
      for(int i = 0;i<tempFile.length;i++)
      {
      if(tempFile[i].isFile())
      {
      System.out.println("File : "+tempFile[i].getName());
      }
      if(tempFile[i].isDirectory())
      {
      System.out.println("Directory : "+tempFile[i].getName());
      }
      }
    }
    /**
    *检查文件中是否为一个空
    * @param filePath
    * @param fileName
    * @return 为空返回 true
    * @throws IOException
    */
    public boolean fileIsNull(String filePath,String fileName) throws
IOException {
      boolean result = false;
      FileReader fr = new FileReader(filePath+fileName);
      if(fr.read() == -1)
      {
      result = true;
```

```
        System.out.println(fileName+"文件中没有数据!");
        }
        else {
        System.out.println(fileName+"文件中有数据!");
        }
        fr.close();
        return result;
    }
    /**
     *读取文件中的所有内容
     * @param filePath
     * @param fileName
     * @throws IOException
     */
    public void readAllFile(String filePath,String fileName) throws
IOException {
        FileReader fr = new FileReader(filePath+fileName);
        int count = fr.read();
        while(count != -1)
        {
        System.out.print((char)count);
        count = fr.read();
        if(count == 13)
        {
        fr.skip(1);
        }
        }
        fr.close();
    }
    /**
     *一行一行的读取文件中的数据
     * @param filePath
     * @param fileName
     * @throws IOException
```

```
    */
    public void readLineFile(String filePath,String fileName) throws
IOException {
        FileReader fr = new FileReader(filePath+fileName);
        BufferedReader br = new BufferedReader(fr);
        String line = br.readLine();
        while(line ! = null)
        {
        System.out.println(line);
        line = br.readLine();
        }
        br.close();
        fr.close();
    }
}
```

运行程序结果如图 10-2 所示。

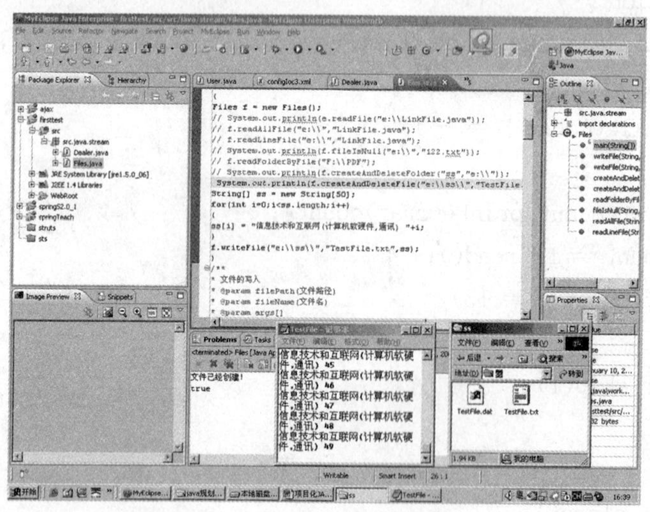

图 10-2　程序运行结果

小 结

本章主要介绍了字节流类 InputStream 和 OutputStream，字符流类 Reader

Writer 以及它们的派生类。举例说明文件的读写和文件的操作。

指导练习

1. 阅读并补充程序

```
//LoginExecutive. java
//Use the stream class code given below as a guidance for reading
  data from the file
//Code needs to be modified to display the data on the screen
//Code has to be converted to an applet
import java. io. * ;
import java. util. * ;
public class CustomerCareExecutive
{
    BufferedReader bfreader;
    FileInputStream fsreader;
    InputStreamReader inputreader;
    public CustomerCareExecutive()
    {
        try
        {
            // Reading data to a file
            fsreader=new FileInputStream("Executive. txt");
            bfreader=new BufferedReader(inputreader);
            String record=new String();
            while((record=bfreader. readLine())! =null)
                System. out. println(record);
                fsreader. close();
        }
        catch(FileNotFoundException fn)
        {
          System. out. println("The specified file does not ex-
```

```
ist");
        }
        catch(IOException fn)
        {
            System.out.println("Error performing IO Operation");
        }

    }
    public static void main(String args[])
    {
        CustomerCareExecutive lnexobj;
    }
}
```

2. 阅读并补充程序

```
import java.io.*;
public class FileOperate {
  public FileOperate() {
  }

  /**
   * 新建目录
   * @param folderPath String 如 c:/fqf
   * @return boolean
   */
  public void newFolder(String folderPath) {
       try {
         String filePath = folderPath;
         filePath = filePath.toString();
         if (! myFilePath.exists()) {
           myFilePath.mkdir();
         }
       }
     catch (Exception e) {
```

```
        System.out.println("新建目录操作出错");
        e.printStackTrace();
    }
}

/**
 * 新建文件
 * @param filePathAndName String 文件路径及名称 如c:/fqf.txt
 * @param fileContent String 文件内容
 * @return boolean
 */
public void newFile(String filePathAndName, String fileContent)
{

    try {
        String filePath = filePathAndName;
        filePath = filePath.toString();

        if (! myFilePath.exists()) {
        myFilePath.createNewFile();
      }
      FileWriter resultFile = new FileWriter(myFilePath);
      PrintWriter myFile = new PrintWriter(resultFile);
      String strContent = fileContent;
      myFile.println(strContent);
      resultFile.close();

    }
  catch (Exception e) {
      System.out.println("新建目录操作出错");
      e.printStackTrace();
    }
  }
/**
```

```
     * 删除文件
     * @param filePathAndName String 文件路径及名称 如 c:/fqf.txt
     * @param fileContent String
     * @return boolean
     */
    public void delFile(String filePathAndName) {
        try {
                String filePath = filePathAndName;
                filePath = filePath.toString();
                  java.io.File myDelFile = new java.io.File(file-
Path);
                myDelFile.delete();
        }
        catch (Exception e) {
            System.out.println("删除文件操作出错");
            e.printStackTrace();
        }
    }
}
```

独立练习

在实训十七中创建 Applet 界面以存储客户个人资料信息。

第11章 网络通讯

11.1 概念解析

网络编程的基本模型就是客户机到服务器模型,简单地说就是两个进程之间相互通讯,然后其中一个必须提供一个固定的位置,而另一个则只需要知道这个固定的位置,并去建立两者之间的联系,然后完成数据的通讯就可以了。这里提供固定位置的通常称为服务器,而建立联系的通常叫做客户端,基于这个简单的模型,就可以进行网络编程。

事实上网络编程简单的理解就是两台计算机相互通讯数据而已,对于程序员而言,去掌握一种编程接口并使用一种编程模型就相对就简单的多了,Java SDK 提供一些相对简单的 API 来完成这些工作, Socket 就是其中之一。对于 Java 而言,这些 API 存在于 java. net 这个包里面,因此只要导入这个包就可以准备网络编程了。

Java 对这个模型的支持有很多种 API,而这里只介绍有关 Socket 的编程接口,对于 Java 而言已经简化了 Socket 的编程接口。首先讨论有关提供固定位置的服务方是如何建立的。Java 提供了 ServerSocket 来对其进行支持。事实上当你创建该类的一个实例对象并提供一个端口资源时,你就建立了一个固定位置可以让其他计算机来访问你。

```
ServerSocket server=new ServerSocket(9999);
```

这里稍微要注意的是,端口的分配必须是唯一的,因为端口是为了唯一标志每台计算机服务的,另外端口号是位于 0～65535 之间的,前 1024 个端口已经被 TCP/IP 作为保留端口占用,因此所能分配的端口只能是第 1024 个之后的。好了,在有了固定位置之后,所需要的就是一根连接线了。该连接线由客户方首先提出要求,因此 Java 同样提供了一个 Socket 对象来对其进行支持,只要客户方创建一个 Socket 的实例对象进行支持就可以了。

```
Socket client=new Socket(InetAddress.getLocalHost(),9999);
```

客户机必须知道有关服务器的IP地址,对于这一点Java也提供了一个相关的类InetAddress。该对象的实例必须通过它的静态方法来提供,它的静态方法主要提供了得到本机IP和通过名字或IP直接得到InetAddress的方法。

通过上面的方法基本可以建立一条连线让两台计算机相互交流了,可是数据是如何传输的呢?事实上I/O操作总是和网络编程息息相关的。因为底层的网络是基于数据的,除非远程调用,处理问题的核心在执行上,否则数据的交互还是依赖于I/O操作的,所以必须导入java.io这个包。Java的IO操作也不复杂,它提供了针对字节流和Unicode的读者和写者,然后还提供了一个缓冲用于对数据的读写。

```
BufferedReader in=new BufferedReader(new InputStreamReader(server.
getInputStream()));
PrintWriter out=new PrintWriter(server.getOutputStream());
```

上面两句语句就是建立缓冲并把原始的字节流转变为Unicode的操作,而原始的字节流来源于Socket的两个方法:getInputStream()和getOutputStream(),分别用来得到输入和输出。有了基本的模型和基本的操作工具,就可以做一个简单的Socket程序了。

服务方代码:

```
import java.io.*;
import java.net.*;
public class MyServer {
    public static void main(String[]args) throws IOException{
     ServerSocket server=new ServerSocket(9999);
     Socket client=server.accept();
     BufferedReader in=new BufferedReader(new InputStreamReader
     (client.getInputStream()));
     PrintWriter out=new PrintWriter(client.getOutputStream());
     while(true){
         String str=in.readLine();
          System.out.println(str);
         out.println("has receive…");
         out.flush();
         if(str.equals("end"))
             break;
     }
```

```
        client.close();
    }
}
```

这个程序的主要目的在于服务器不断接收客户机所写入的信息，直到客户机发送“End”字符串就退出程序，并且服务器也会做出“Receive”为回应，告知客户机已接收到消息。

客户机代码：

```
import java.net.*;
import java.io.*;
public class Client{
    static Socket server;
    public static void main(String[]args)throws Exception{
    server=new Socket(InetAddress.getLocalHost(),9999);
    BufferedReader in=new BufferedReader(new InputStreamReader
    (server.getInputStream()));
    PrintWriter out=new PrintWriter(server.getOutputStream());
    BufferedReader wt=new BufferedReader(new InputStreamReader
    (System.in));

    while(true){
        String str=wt.readLine();
        out.println(str);
        out.flush();
        if(str.equals("end")){
        break;
        }
        System.out.println(in.readLine());
    }
    server.close();
    }
}
```

客户机代码则是接受客户键盘输入，并把该信息输出，然后输出“End”用来做退出标志。

这个程序的功能只是简单地使两台计算机之间能够通讯，如果希望多个客户同时访问一个服务器呢？如果试着再运行一个客户端，结果会抛出异常。那么多个客户端如何实现呢？

其实，简单的分析一下，就可以看出客户和服务通讯的主要通道就是 Socket 本身，而服务器通过 accept 方法同意和客户建立通讯。这样当客户建立Socket的同时，服务器也会使用这一根连线来先后通讯。既然如此，只要程序存在多条连线就可以了，那么程序可以改变如下：

服务器代码：

```
import java.io.*;
import java.net.*;

public class MyServer {
    public static void main(String[]args) throws IOException{
    ServerSocket server=new ServerSocket(5678);
    while(true){
        Socket client=server.accept();
        BufferedReader in=new BufferedReader(new InputStream-
        Reader(client.getInputStream()));
        PrintWriter out=new PrintWriter(client.getOutputStream
        ());
        while(true){
            String str=in.readLine();
            System.out.println(str);
            out.println("has receive…");
            out.flush();
            if(str.equals("end"))
            break;
            }
            client.close();
        }
    }
}
```

这里仅仅只是加了一个外层的 While 循环，这个循环的目的就是当一个客户进来时为它分配一个 Socket，直到这个客户完成一次和服务器的交互，也就是接受到客户的“End”消息。如此，便实现了多客户之间的交互。但是，这样做虽然解决了多客户问题，可是却是排队执行的，也就是说，只是当当前客户和服务器之间完成本次通讯之后下，一个客户才可以进来和服务器交互，无法做到同时服务。那么要如何才能作到多客户同时交流呢？很显然，这是一个并行执行的问题了，所以线程是最好的解决方案。

下面的问题是如何使用线程。首先要做的事情是创建线程，并使得其可以和网络连线取得联系，然后由线程来执行刚才的操作。要创建线程要么直接继承 Thread 要么实现 Runnable 接口，要建立和 Socket 的联系只要传递引用就可以了，而要执行线程就必须重写 run 方法，而 run 方法所做的工作就是刚才单线程版本 main 所做的工作，因此程序变成了下面这样：

```
import java.net.*;
import java.io.*;

public class MultiUser extends Thread{
    private Socket client;

     public MultiUser(Socket c){
     this.client=c;
     }

     public void run(){
     try{
        BufferedReader in=new BufferedReader(new InputStream
        Reader(client.getInputStream()));
        PrintWriter out=new PrintWriter(client.getOutputStream
        ());
        //Mutil User but can parallel
        while(true){
          String str=in.readLine();
          System.out.println(str);
          out.println("has receive…");
          out.flush();
          if(str.equals("end"))
            break;
        }
```

```
        client.close();
    }catch(IOException ex){
    }finally{ }
    }

    public static void main(String[]args)throws IOException{
    ServerSocket server=new ServerSocket(5678);
    while(true){
    //transfer location change Single User or Multi User
    MultiUser mu=new MultiUser(server.accept());
    mu.start();
    }
    }
}
```

由于 MultiUser 类直接从 Thread 类继承了下来，并且通过构造函数传递引用和客户 Socket 建立了联系，这样每个线程就都有了一个通讯管道。同样，我们可以填写 run 方法，把之前的操作交给线程来完成，这样多客户并行的 Socket 就建立起来了。

以上的代码使用的是：

```
BufferedReader in=new BufferedReader(new InputStreamReader
(client.getInputStream()));
PrintWriter out=new PrintWriter(client.getOutputStream());
```

还有一种方法使用的是：

```
DataInputStream isFromClient = new DataInputStream(client.
getInputStream());
DataOutputStream osToClient = new DataOutputStream(client.
getOutputStream());
```

单这两种输入输出流中，前一种对字符串支持比较好，后一种虽然对于读取一个字符串需要处理，但是支持很多种类型的输出，对于传递字符串而言前一种应该是很好的选择了。

11.2 实训十九 聊天室程序

11.2.1 场景分析

编写一个简单的聊天程序,要求能够实现发送和接收聊天信息的功能。

11.2.2 代码编写

首先编写服务器端的程序:

```
import java.io.*;
import java.net.*;
import java.util.*;
public class ChatServer
{
  ServerSocket serverSocket;
  Vector msgbox;
  Message message;
  int counter;
  ChatServer()
  {
    try
    {
      //byte[] ipaddress=bindAddr.getAddress();
      counter = 0;
      Socket clienttmpsocket;
      serverSocket = new ServerSocket(9999);
      msgbox = new Vector();
      while(true)
      {
        clienttmpsocket = serverSocket.accept();
        new Connection(clienttmpsocket).start();
```

```
        }
    }
    catch(Exception e)
    {
        e.printStackTrace();
        }
    }
    public static void main(String s[])
    {
        new ChatServer();
    }
    class Connection extends Thread
    {
        Socket clientsocket;
        int clientcounter;
        ObjectOutputStream streamToClient;
        ObjectInputStream readerFromClient;
        //PrintStream streamToClient;
        //BufferedReader readerFromClient;
        ReadThread rt;
        WriteThread wt;
        Connection(Socket skt)
        {
          try
          {
          clientsocket = skt;
            streamToClient = new ObjectOutputStream (clientsocket.
            getOutputStream());
           readerFromClient = new ObjectInputStream (clientsocket.
           getInputStream());
          clientcounter = 0;
          }
          catch(Exception e)
          {
```

```
            //this.destroy();
            //System.out.println("error");
        e.printStackTrace();
      }
    }
    public void run()
    {
        rt = new ReadThread();
        wt = new WriteThread();
        rt.start();
        wt.start();
    }
class ReadThread extends Thread
{
        public void run()
        {
          while(true)
          {
            try
            {
                Message msg;
                msg=(Message) readerFromClient.readObject();
                msgbox.addElement(msg);
                counter++;
            }
            catch(Exception e)
            {
                System.out.println("hello");
                e.printStackTrace();
                //this.destroy();
            }
          }
        }
}
```

```
        class WriteThread extends Thread
        {
            public void run()
            {
                Message msg;
                try
                {
                  while(true)
                  {
                    for (int i=clientcounter;i<counter;i++)
                    {
                      msg = (Message)msgbox.elementAt(i);
                      streamToClient.writeObject(msg);
                      clientcounter++;
                    }
                  }
                }
                catch(Exception e)
                {
                    e.printStackTrace();
                }
            }
        }
    }
}
```

然后编写客户端的程序：

```
import java.io.*;
import java.net.*;
import java.util.*;
import javax.swing.*;
import java.awt.*;
import java.awt.event.*;
import javax.swing.border.*;
import java.net.InetAddress;
```

```
import java.net.Socket;
//class ChatClient
public class ChatClient extends JApplet
{
  String chaterName;
  Socket socket,testobj;
  ObjectOutputStream streamToServer;
  ObjectInputStream readerFromServer;
  ReadThread rt;
  InetAddress ip;
  JButton buttonsend,login;
  JLabel lCompanyName,chaterBox,chaterNameLabel,sayToLabel;
  TextArea tCompanyService;
  JTextField chaterText,chaterNameText,sayToText;
  JPanel p1;
  FlowLayout f1;
  Border blackline,compound;
  buttonListener btlistener;
  loginListener lglistener;
  Message message;
  public void init()
  {
      p1=new JPanel();
      getContentPane().add(p1);
      f1=new FlowLayout();
      p1.setLayout(f1);
            chaterNameLabel=new JLabel("昵称:");
      chaterNameText=new JTextField(5);
      p1.add(chaterNameLabel);
      p1.add(chaterNameText);
      Button login=new Button("login");
      lglistener=new loginListener();
      login.addActionListener(lglistener);
      p1.add(login);
```

```
    }
        /*class ipInetAddressextends InetAddress
        { byte[]ip;
        getAddress();
        }*/
public void excute()
{
    //login.setVisible(false);
    chaterNameText.setVisible(false);
    try
    {
    //login.setVisible(false);
    }
    catch(Exception e)
    {
    }
    chaterNameLabel.setVisible(false);
    sayToLabel=new JLabel("Say to:");
    sayToText=new JTextField(5);
    buttonsend=new JButton("SEND MESSAGE");
    btlistener=new buttonListener();
    buttonsend.addActionListener(btlistener);
    chaterBox=new JLabel("INPUT A CHATER'S MESSAGE ");
    chaterText=new JTextField(40);
    lCompanyName = new JLabel("DISPLAY ALL CHATER'S MESSAGE");
    tCompanyService = new TextArea(10,40);
    p1.add(lCompanyName);
    lCompanyName.setVisible(true);
    p1.add(tCompanyService);
    p1.add(sayToLabel);
    p1.add(sayToText);
    p1.add(chaterBox);
    p1.add(chaterText);
    p1.add(buttonsend);
```

```
    try
    {
        socket = new Socket("192.168.0.166",9999);//服务器IP
        readerFromServer=new ObjectInputStream(socket.getIn
        putStream());
        //testobj=socket.getOutputStream();
        streamToServer=new ObjectOutputStream(socket.getOut
        putStream());
        rt = new ReadThread();
        rt.start();
    }
    catch(Exception e)
    {
        e.printStackTrace();
    }
}
class ReadThread extends Thread
{
    public void run()
    {
        Message message;
        try
        {
          while(true)
          {
            ip=socket.getLocalAddress();
            //ip.getHostAddress();
            //byte[] ipp=ip.getAddress();
            //System.out.println(ipp[0]);
            // System.out.println(ipp[1]);
            //tCompanyService.setText(tCompanyService.getText()
            +"n"+"IP:"+ip.getHostAddress());
            //tCompanyService.setText("IP:"+String.valueOf(ipp
            [0])+"."+String.valueOf(ipp[1])+"."+String.val-
```

```
                ueOf(ipp[2])+"."+String.valueOf(ipp[3]));
                message = (Message)readerFromServer.readObject();
                String All="all";
                  if (chaterName.equals(message.To)||message.To.
                  equals(All))
                    tCompanyService.setText(tCompanyService.getText
                    ()+"\n"+"IP:"+ip.getHostAddress()+message.
                    From+"sayto "+message.To+message.msg);
                else
                    tCompanyService.setText(tCompanyService.getText
                    ()+"\n"+"IP:"+ip.getHostAddress()+message.
                    From+"say : "+message.msg);
                }
            }
            catch(Exception e)
            {
              e.printStackTrace();
            }
          }
        }
        classbuttonListener implements ActionListener
        {
            public void actionPerformed(ActionEvent e)
            {
            try
                {//login.setVisible(false);
                Message message;
                message=new Message();
                message.From=chaterName;
                message.msg=chaterText.getText();
                message.To=sayToText.getText().trim();
                chaterText.setText("");
                streamToServer.writeObject(message);
          }
```

```
    catch(IOException exc)
    {
        exc.printStackTrace();
      }
  }
  }
  class loginListener implements ActionListener
  {
      public void actionPerformed(ActionEvent e)
      {
        chaterName=chaterNameText.getText().trim();
        ((Button)e.getSource()).setVisible(false);
        excute();
      }
  }
  }
```

这里可以把串行化接口类 Message 单独编译，它为服务器和客户端共同使用。

```
  public class Messageimplements Serializable
  {
      String To;
      String From;
      String msg;
  }
```

程序运行结果如图 11-1 所示。

小结

本章学习了用 Java.net 包的 ServerSocket 类创建一个套接字，使服务器监听客户的请求。利用 ServerSocket 类的 accept()方法返回客户的套接字，实际上它是 Socket 类的对象。而 Socket 类提供了对客户流引用的功能，检索数据或者发送数据到客户。Socket 类有两个方法：getInputStream()和 getOutputStream()。另外还使用了 ObjectInputStream 类。

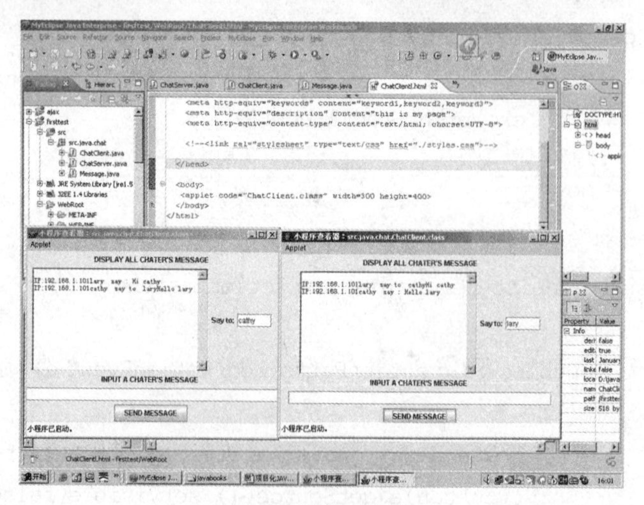

图 11-1 聊天室程序

指导练习

1. 阅读并补充程序

```
import java.awt.event.*;
import java.io.*;
import java.net.*;

//The Dealer class needs to implement Serializable
class Dealer implements Serializable
{
    String dealerName;
    String dealerPassword;
}
public class AppServer extends Thread
{
    ServerSocket serverSocket;
    public AppServer()
    {
    try
```

```
{
}
catch(IOException e)
{
fail(e, "Could not start server.");
}
System.out.println("Server started…");
this.start();// Starts the thread
}
public static void fail(Exception e, String str)
{
        System.out.println(str + "." + e);
}
public void run()
{
try
{
    while(true)
    {
        Socket client = serverSocket.accept();
        Connection con = new Connection(client);
    }
}
catch(IOException e)
{
    fail(e, "Not listening");
}
}
public static void main(String args[])
{
new AppServer();
}
}
class Connection extends Thread
```

```
{
  protected Socket netClient;
  protected PrintStream toClient;
  public Connection(Socket client)
  {
        netClient = client;
        try
        {
          fromClient = new ObjectInputStream(netClient.getIn
          putStream());
          toClient = new PrintStream(netClient.getOutputStream
          ());
        }
        catch(IOException e)
        {
          try
          {
          netClient.close();
          }
          catch(IOException e1)
          {
          System.err.println("Unable to set up streams" + e1);
          return;
          }
      }
      this.start();
  }
  public void run()
  {
      Dealer clientMessage;
      try
      {
          for(;;)
          {
```

```
            clientMessage = (Dealer)fromClient.readObject();
            if(clientMessage == null)
            break;
            // Send acknowledgement to the client
            //RandomAccessFile fobj=new RandomAccessFile("Deal
            er.txt","rw");
            fobj.seek(fobj.length());
            fobj.writeBytes(clientMessage.dealerName+":"+cli
            entMessage.dealerPassword);
            if(! (clientMessage.dealerName.equals(clientMes
            sage.dealerPassword)))
                    toClient.println("Received from:"+client
                    Message.dealerName);
            else
                    toClient.println("Name and password can not
                    be same");
        }
    }
    catch(IOException e)
    {}
    catch(ClassNotFoundException e1)
    {
        System.out.println("Error in reading object "+e1);
    }
    finally
    {
        try
        {
            netClient.close();
        }
        catch(IOException e)
        {}
    }
  }
}
```

2. 阅读并补充程序

```
import java.awt.*;
import java.io.*;
import javax.swing.*;
public class DirList extends JFrame
{
    JTextArea ta;
    String path;
    public static void main(String args[])
    {

        DirList listObj=new DirList(args[0]);
      listObj.setVisible(true);
      listObj.setSize(300,300);
    }
    public DirList(String fileName)
    {
        super("Directory List");
        path=fileName;
        File fileObj=new File(path);
        ta=new JTextArea(10,10);
        getContentPane().add(ta,BorderLayout.CENTER);
        if(fileObj.isDirectory())displayList(fileObj);
        else{ if(fileObj.isFile())
          {
          try{
            // FileInputStream inputFile = new FileInputStream
            (fileObj);
           int i=inputFile.AVAilable();
           byte b;
           for(;i>0;i--){
             b=(byte)inputFile.read();
             System.out.println(b);
```

```
            }
            System.exit(0);
            }catch(IOException e){
            System.out.println("Error reading file");
            }
        }
      }
    }

void displayList(File fobj)
{
      String dirContents[]=fobj.list();
      ta.append("——————————————————");
      for(int i=0;i<dirContents.length;i++)
      {

      //ta.append(dirContents[i]);
      ta.append(" , ");
      }



}
}
```

独立练习

把上述的聊天用户界面改为文本方式。

第12章　JDBC

12.1　概念解析

几乎所有的项目开发都会使用到数据库，所以掌握JDBC数据库编程技术非常重要。由于本课程的开设是为以后的J2EE和JSP课程服务的，因此要指出该课程与后续的课程的关联性，所以本章就JDBC做些简单介绍和一般应用讲解，因为此内容在J2EE课程中将深入讲解。本章内容是以Access为例进行讲解的。JDBC是SUN提供的一套数据库编程接口API函数，由Java语言编写的类和接口组成。使用JDBC能够自动地将SQL语句传送给相应的数据库，以完成程序与数据库的访问操作。有4种类型的数据库驱动程序，这里我们只介绍JDBC-ODBC桥以及其使用的相关的类与接口，具体如下。

Connection对象代表与数据库的连接、连接过程包括所执行的SQL语句和在该连接上所返回的结果。一个应用程序可与单个数据库有一个或多个连接，也可与许多数据库有连接。

DriverManager类是JDBC的管理层，作用于用户和驱动程序之间，它跟踪可用的驱动程序，并在数据库和相应驱动程序之间建立连接。

Statement对象用于将SQL语句发送到数据库中。ResultSet类包含符合SQL语句条件的所有行，并且它通过一套get方法(这些get方法可以访问当前行中的不同列)提供了对这些行中数据的访问。

PreparedStatement实例包含已编译的SQL语句，可具有一个或多个IN参数。

CallableStatement对象为所有的DBMS提供了一种以标准形式调用已储存过程的方法。

12.2 实训二十 用户注册

12.2.1 场景分析

当用户登录一系统时，需要先进行注册，获得授权后，方可登录。本程序要求将用户注册的姓名、电话、账号、收入等个人信息保存到数据库。与数据库连接驱动使用 JDBC-ODBC 桥，数据库使用 Access。首先建立数据库为 MyDataSource.mdb，然后再建表 Registration，表结构如图 12-1 所示。

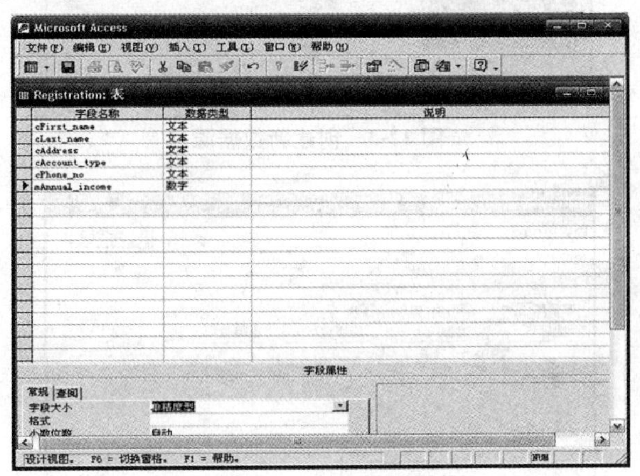

图 12-1 表结构

接下来配置 ODBC 数据源。单击“开始”→“设置”→“控制面板”→“管理工具”→“ODBC 数据源管理器”→“系统 DNS 选项卡”，如图 12-2 所示，单击“添加”按钮。

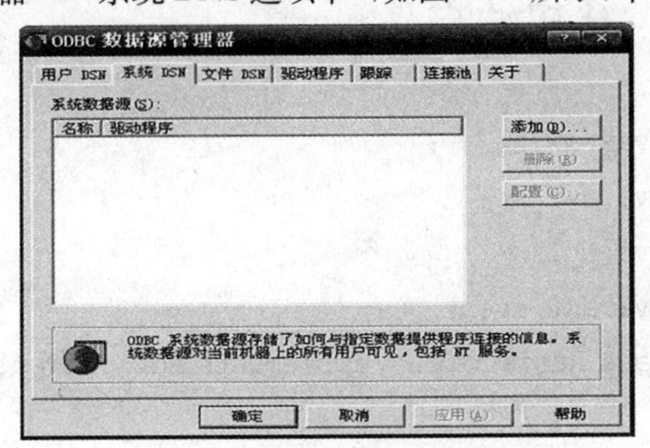

图 12-2 ODBC 数据源管理器

出现“创建新数据源”对话框，选中“Microsoft Access Driver（＊.mdb）”，如图12-3所示。单击“完成”后，出现“ODBC MicrosoftAccess安装”对话框，如图12-4所示，并在此“数据源名”文本框中输入MyDataSource（注意：该数据源名MyDataSource与程序中语句"jdbc：odbc：MyDataSource"，"user1"，""要一致）。单击“选择”按钮，选择Access数据库所在的目录，选择完毕后，单击“确定”，至此便完成了整个配置过程。Java程序代码如小节12.2.2中所示。

图12-3　创建新数据源

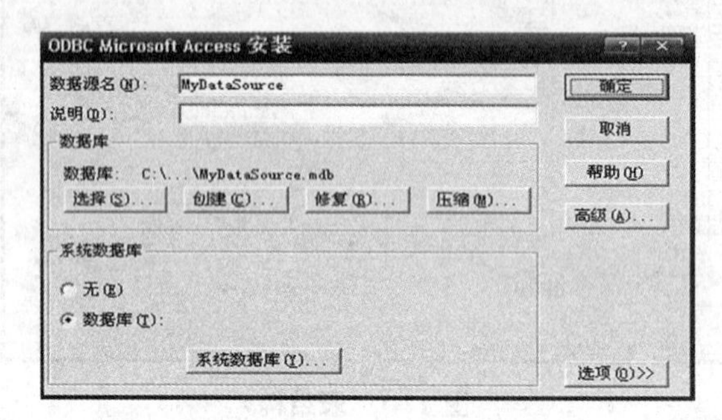

图12-4　Microsoft Acess安装

12.2.2　代码编写

```
import javax.swing.*;
import java.awt.*;
import java.sql.*;
import java.awt.event.*;
public class Registration implements ActionListener
{
    //Variable for frame window
```

```
static JFrame frame;
static JPanel panel;

//variables of labels
JLabel labelFName;
JLabel labelLName;
JLabel labelAddress;
JLabel labelAccType;
JLabel labelPhone;
JLabel labelAnnualIncome;

//variables for data entry controls
JTextField textFName;
JTextField textLName;
JTextField textAddress;
JComboBox comboAccType;
JTextField textPhone;
JTextField textAnnualIncome;
JButton buttonAccept;
String[]AccType={"Current","Savings","Credit"};

public static void main(String args[])
{
    new Registration();
}
public Registration()
{
    //Create a panel and add it to the frame
    panel = new JPanel();
    frame=new JFrame("Customer Registration");
    frame.setSize(300,300);
    frame.setVisible(true);
    frame.getContentPane().add(panel);

    //Initializing labels
    labelFName = new JLabel("First Name");
    labelLName = new JLabel("Last Name");
```

```
        labelAddress = new JLabel("Address");
        labelAccType = new JLabel("Account Type");
        labelPhone = new JLabel("Phone Number");
        labelAnnualIncome=new JLabel("Annual Income");

        //Initializing data entry controls
        textFName = new JTextField(15);
        textLName = new JTextField(15);
        textAddress = new JTextField(30);
        comboAccType = new JComboBox(AccType);
        textPhone=new JTextField(10);
        textAnnualIncome=new JTextField(10);

        //Adding controls
        panel.add(labelFName);
        panel.add(textFName);
        panel.add(labelLName);
        panel.add(textLName);
        panel.add(labelAddress);
        panel.add(textAddress);
        panel.add(labelAccType);
        panel.add(comboAccType);
        panel.add(labelPhone);
        panel.add(textPhone);
        panel.add(labelAnnualIncome);
        panel.add(textAnnualIncome);
        buttonAccept=new JButton("SUBMIT");
        panel.add(buttonAccept);
        buttonAccept.addActionListener(this);
    }
    public void actionPerformed(ActionEvent e)
    {
        Object source = e.getSource();
        if(source == buttonAccept)
        {
            try
            {
                Class.forName("sun.jdbc.odbc.JdbcOdbcDriver");
```

```
            Connection con;
            //Establish connection with the data sourcecon=
            DriverManager.getConnection("jdbc:odbc:MyData
            Source","user1","");
            //Create the statement object
            PreparedStatement stat2=con.prepareStatement("
            insert into Registration(cFirst_name,cLast
            name,cAddress,cAccount_type,cPhone_no, mAnnual
            income) values(?,?,?,?,?,?)");
            //Fill up the parameter values from the controls
            stat2.setString(1,textFName.getText());
            stat2.setString(2,textLName.getText());
            stat2.setString(3,textAddress.getText());
            stat2.setString(4,(String)
            comboAccType.getSelectedItem());
            stat2.setString(5,textPhone.getText());
            stat2.setFloat(6,Float.parseFloat(
            textAnnualIncome.getText()));
            //Insert the record into the table
            stat2.executeUpdate();
             JOptionPane.showMessageDialog(frame,new String
             ("Your details have been registered"));
        }
        catch(Exception exception)
        {
             JOptionPane.showMessageDialog(frame,new String
             ("Error encountered while entering data in the
             database: "+exception));
        }
      }
    }
}
```

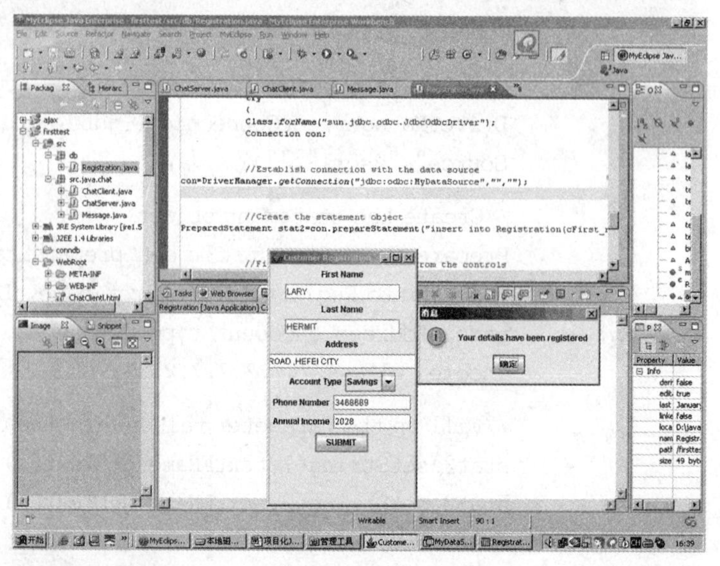

图 12-5

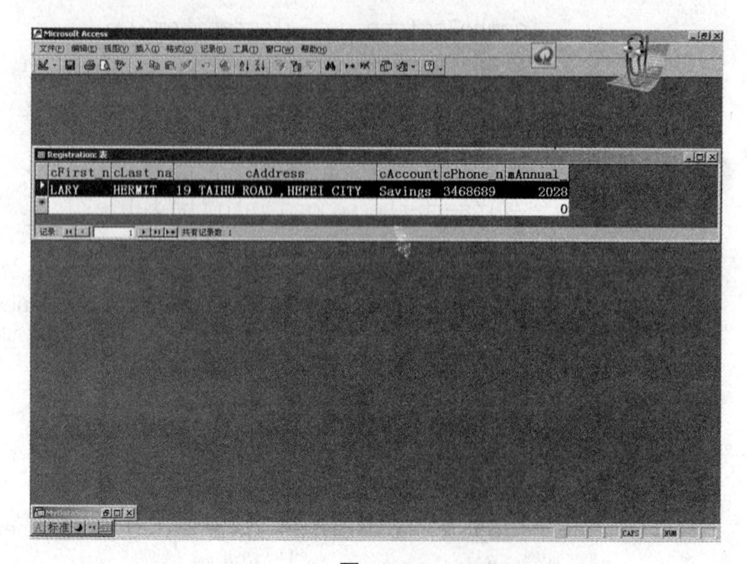

图 12-6

小 结

本章学习了 JDBC 数据库驱动程序基本概念以及简单介绍 JDBC-ODBC 桥和使用相关的类与接口。

指导练习

1. 阅读并补充程序

```
import java.sql.*;
public class DBDemo
{
    public static void main(String s[])
    {
      try{
          Class.forName("sun.jdbc.odbc.JdbcOdbcDriver");
          Connection con=DriverManager.getConnection("jd
          bc:odbc:test","sa","");
          Statement stat=con.createStatement();
           ResultSet rst=stat.executeQuery("select * from
           pub lishers");
          ResultSetMetaData rsmd=rst.getMetaData();
          int col=rsmd.getColumnCount();
          String rowdata=rsmd.getColumnName(1).trim();
          for ( int i=2;i<col;i++)
          {
             rowdata=rowdata+":"+rsmd.getColumnName(i).
             trim();
          }
        System.out.println(rowdata);
        System.out.println("------------------
        ---------------");
        while(rst.next())
        {
          rowdata=rst.getString(1).trim();
          for(int i=2;i<col;i++)
```

```
                {
                    rowdata=rowdata+" : "+rst.getString(i).trim
                    ();
                }
                System.out.println(rowdata);
                System.out.println("\n");
            }
            }
            catch(Exception e){}
        }
    }
```

2. 阅读并补充程序

```
import java.sql.*;
import java.io.*;
public class QueryApp
{
    public static void main(String arg[])
    {
        try{
            System.out.println("enter data");
            BufferedReader reader=new BufferedReader(new InputStre
            amReader(System.in));
            String username=reader.readLine();
            Class.forName("sun.jdbc.odbc.JdbcOdbcDriver");
            Connection con=DriverManager.getConnection("jdbc:odbc:
            test","sa","");
            Statement stat=con.createStatement();
            stat.execute("insert ff values('"+username+"')");
            /* ResultSet rst=stat.executeQuery("Select * from Cus
            tomers");
            while(rst.next())
```

```
        {
          System.out.println(rst.getString(1));
        }
        */
      }
      catch(Exception e)
      {
        System.out.println(e);
      }
    }
  }
```

独立练习

编写用户登录程序，口令正确显示“Your password is right.”，否则显示“Your password is not right.”

第13章 JavaBean

13.1 概念解析

组件技术在现代软件业中扮演着越来越重要的角色。从某种意义上说可以把组件理解成为积木，而把用组件搭起来的软件理解成为用积木搭的形状各异的作品。这种比喻可以让人理解为什么用组件搭建应用程序会比用其他方法制作应用程序更加稳定和快速。因为软件的组件是可重用的，所以它肯定是经过了很多应用程序的测试，所以当使用这些组件的时候出错的概率肯定比使用一个重新编写的同样功能的模块的出错概率小。同时用组件搭建应用程序也会更快速，这很容易理解，就像用积木搭一座桥比用原木建一座桥要快一样。

JavaBean是基于Java平台的软件组件思想，它使软件开发者可以设计这种可重复使用的软件组件，同时JavaBean也是一种独立于平台和结构的应用程序编程接口(API)。JavaBean保留了其他软件组件的技术精华，并增加了被其他软件组件技术忽略的技术特性，使得它成为完整的软件组件解决方案的基础，并在可移植的Java平台上被方便地用于网络世界中。就像JavaBean定义的那样"write once, run anywhere, reuse everywhere"，因此JavaBean具有"一次编写，随处运行，随处重用"的特性。

JavaBean支持可视化和非可视化两种组件。可视化组件在运行中过程能够显示出来，如按钮、文本框等，都能在程序中显示出来；非可视化组件通常用来处理程序中的一些复杂事务，一般不会有可视化输出，像拼写检查等。

总之，JavaBean编写组件具有可重复使用、易于升级、缩短编写周期等优势。

一个JavaBean由3部分组成，分别为：属性，方法和事件。

1. 属性

JavaBean的属性内容包括Bean的外观特征，诸如像窗口的背景颜色、大小、名称及字体等。属性为包含在JavaBean中私有成员数据，属性值可以通过调用适当的 Bean 方法进行。比如，可能 Bean 有一个名字属性，这个属性的值可能需要调用 String getName()方法读取，而写入属性值可能要需要调用 Void setName(String str)的方法。每个 JavaBean 属性通常都应该遵循简单的方法命名规则，即 set 或 get 与属性的私有成员数据连在一起且第一个字母要大写，这样应用程序构造器工具和最终用户才能找到 JavaBean 提供的属性，然后查询或修改属性值，对 Bean 进行操作。由于 Bean 的属性声明是私有的，外部应用只能通过 set 与 get 方法访问改变 Bean 的属性的值。声明 Bean 属性的语法格式如下：

```
private <data type> <property_name>
```

例如：

```
private String loginname
```

2. 方法

方法是用来操纵 Bean 的属性和暴露 Bean 的功能的，如让用户交谈、对话、使用视频等。

所有 Bean 的公有方法都可以被外部调用，但 Bean 一般只会引出其公有方法的一个子集。

由于 JavaBean 本身是 Java 对象，调用这个对象的方法是与其交互作用的唯一途径。JavaBean 严格遵守面向对象的类设计逻辑，不让外部世界访问其任何字段(没有 public 字段)。这样，方法调用是接触 Bean 的唯一途径。

声明 get 和 set 方法的语法格式如下：

```
public <data type of the property> get<property_name>()
{returnproperty_name ;}
public void set<property_name> (data type of the propertyvariable)
{ property_name =variable ;}
```

例如：

```
public String getLoginname()
{return loginname ;}
public void setLoginname (Stringvariable)
{ loginname=variable ;}
```

3. 事件

事件被用来对其属性值变动或对其他 Bean 状态的变动进行通讯。Bean 与其他软件组件交流信息的主要方式是发送和接受事件。可以将 Bean 的事件支持功能看作是集成电路中的输入输出引脚:工程师将引脚连接在一起组成系统,让组件进行通讯。有些引脚用于输入,有些引脚用于输出,相当于事件模型中的发送事件和接收事件。事件为 JavaBean 组件提供了一种发送通知给其他组件的方法。在 AWT 事件模型中,一个事件源可以注册为事件监听器对象。当事件源检测到发生了某种事件时,它将调用事件监听器对象中的一个适当的事件处理方法来处理这个事件。本章仅介绍 JavaBean 的属性部分,而对其方法和事件不进行讨论,因为在后续课程 J2EE 中将详细讨论。

13.2 实训二十一 JavaBean 创建及应用

13.2.1 场景分析

根据 JavaBean 组件特征,我们创建接收登录 ID 和客户口令的构件。此构件要求如果登录等待超过 30 秒,应显示登录时间已过,否则,显示正常登录信息。

13.2.2 代码编写

```
//LoginPassBean.java
import javax.swing.*;
import java.awt.*;
import java.awt.event.*;
public class LoginPassBean extends JPanel implements Runnable,Ac
tionListener
{
  GridLayout gl=new GridLayout(3,3);
  JLabel labelLoginId;
  JTextField textLoginId;
  JLabel labelPassword;
  JPasswordField textPassword;
  JButton login=new JButton("Click Here to Login");
  Thread threadObj;
  boolean status=false;
```

```
private String message="Login within the next 30 seconds";
public String getMessage()
{
    return message;
}
public void setMessage(String txt)
{
    message=txt;
}
public LoginPassBean()
{
    super();
    labelLoginId=new JLabel("Enter Login Id :");
    textLoginId=new JTextField(10);
    labelPassword=new JLabel("Enter Password :");
    textPassword =new JPasswordField(10);
    setLayout(gl);
    add(labelLoginId);
    add(textLoginId);
    add(labelPassword);
    add(textPassword);
    add(login);
    threadObj=new Thread(this);
    threadObj.start();
    }
  public void actionPerformed(ActionEvent evt)
  {
    Object obj=evt.getSource();
    if(obj==login)
    {
      String lname=textLoginId.getText();
      String lpass=new String(textPassword.getPassword());
```

```
            if((lname.length()! =0) && (lpass.length()! =0))
            {
              status=true;
                JOptionPane. showMessageDialog ( this, new String ( "
                Great!!! You've Logged In"));
            }
          }
      }
      public void textDisplay()
      {
          if(! status)
          {
            JOptionPane.showMessageDialog(this,message);
          }
      }
      public void run()
      {
          for(;;)
          {
              try { threadObj.sleep(30000); }
              catch(InterruptedException e){}
              textDisplay();
          }
      }
      public void stop()
      {
          //threadObj.destroy();
          threadObj=null;
        }
    }
```

由于 JavaBean 不能直接运行，所以我们编写了一个校验 Bean 的程序。

```
class LoginValidator extends JFrame
```

```
{
  LoginPassBean meb;
  public LoginValidator()
  {
        super("Login Form");
        meb=new LoginPassBean();
        this.getContentPane().add(meb);


  }


  public static void main(String s[])
  {
        LoginValidator obj=new LoginValidator();
        obj.setSize(300,300);
        obj.setVisible(true);
    }
}
```

程序运行结果如图 13-1 所示。

图 13-1　程序运行结果

小结

本章介绍了JavaBean的基本概念和JavaBean的3个组成部分：属性，方法和事件。

指导练习

1. 阅读并补充程序

```
public class CarBean {
private String color;
private Float power;
public String getColor() {
    return color;
}
public void setColor(String color) {
    this.color = color;
}
public Float getPower() {
    return power;
}
}
```

独立练习

编写一个用户Bean，要求暴露其姓名、性别、电话、地址、服务类型，以便被其他程序作为注册和查询使用。

第 14 章　JSP 简单应用

14.1　概念解析

JSP 技术为创建显示生成动态内容的 Web 页面提供了一个简捷的方法。JSP 技术的设计目的是构造基于 Web 的应用程序更加容易和快捷，而这些应用程序能够与各种 Web 服务器、应用服务器、浏览器和开发工具共同工作。开发人员通过编写 JavaBean、Servlet、Java 代码、JavaScript 以及 JSP 页面程序，以接收来自 Web 浏览器的 HTTP 请求，动态地生成响应(可能要查询数据库来完成这项请求)，然后发送包含 HTML 或 XML 文档的响应到浏览器。但在本章中不对 JSP 进行具体讨论，仅举例说明它与 Java 的关联应用，以让读者明确在基础 Java 上的高级应用，保证对后续学习的连续性指明进一步学习的方向。

14.2　实训二十二　JSP 与 JavaBean 结合应用

14.2.1　场景分析

JavaBean 组件在 JSP 中有很重要的应用，这里编写一个问候程序，要求在 JSP 页面中调用 JavaBean。

14.2.2　代码编写

1. 编写一个 JavaBean 组件程序

代码如下：

```
//HelloWorld.java
```

```
package test;
public class HelloWorld
{

    String Hello="hello world,I am lary!";

    public void HelloWorld()
    {

    }
    public void setHello(String name)
    {
    Hello=name;
    }
        public String getHello()
    {
        return Hello;
    }

}
```

2. 编写 JSP 程序,调用上述编好的 Bean

代码如下:

```
//useBean.jsp
<%@ page contentType="text/html; charset=gb2312" language
="java" import="java.sql.*" errorPage="" %>
<!DOCTYPE HTML PUBLIC "-//W3C//DTD HTML 4.01 Transitional//EN"
"http://www.w3.org/TR/html4/loose.dtd">
<html>
<head>
<meta http-equiv="Content-Type" content="text/html; charset
=gb2312">
<jsp:useBean id="hello" class="test.HelloWorld" scope="
page"/>
```

```
<title>Hello World</title>
</head>

<body>
<%=hello.getHello()%><br>
<%
hello.setHello("Are you ok?");
%>
<%=hello.getHello()%>
</body>
</html>
```

由于本书没有涉及JSP,所以这里不再讲解。

3. 运行程序

将HelloWorld.java及编译后生成的test文件夹一并拷入Tomcat安装目录:\Webapp\myfirstbean\Web-INF\classes;同时将useBean.jsp文件拷入到Tomcat安装目录:\Webapp\myfirstbean(myfirstbean文件夹是用户建的),然后启动Tomcat服务器。运行结果如图14-1所示。

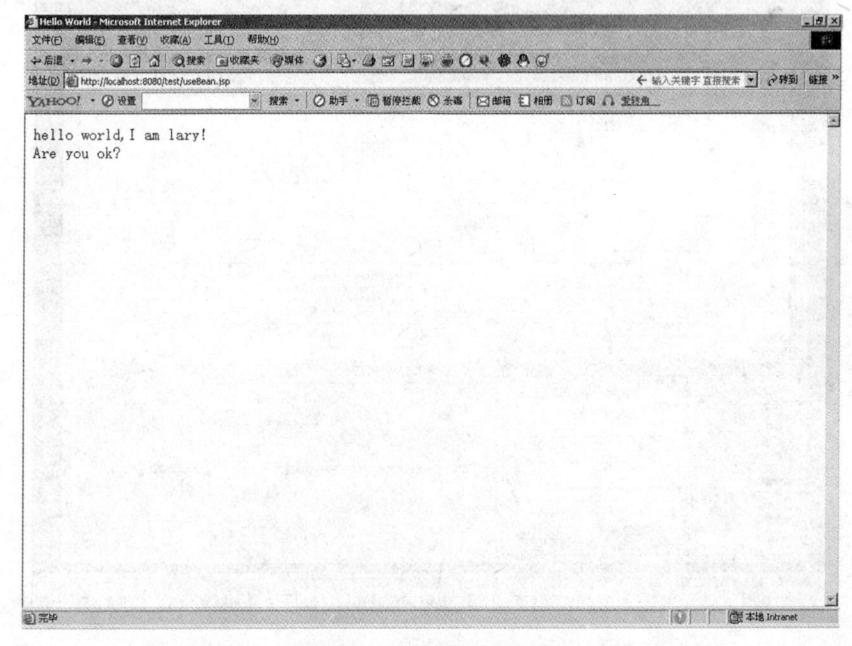

图14-1　程序运行结果

14.3 实训二十三 JavaBean 访问数据库

14.3.1 场景分析

编写程序将数据库中的数据显示在页面上。对数据库访问代码放在JavaBean中，JSP在使用中进行调用。

14.3.2 代码编写

下面介绍使用JDBC访问Access数据库，具体流程如下。

1. 建立 student.mdb

表名为table1，其结构如图14-2所示，然后配置ODBC数据源，数据源名为student。配置流程已在前文中讲述。

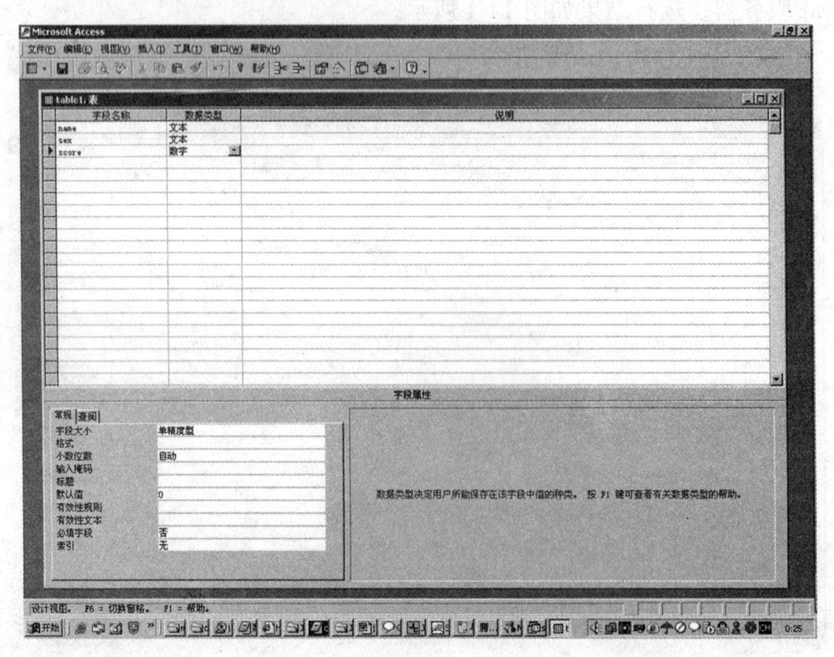

图 14-2

2. 编写访问数据库的 JavaBean

其代码如下：

```
//conn.java
package student;
import java.sql.*;
public class conn {
    String sDBDriver = "sun.jdbc.odbc.JdbcOdbcDriver";
    String sConnStr = "jdbc:odbc:student";
    Connection connect = null;
    ResultSet rs = null;
    public conn() {
      try {
          Class.forName(sDBDriver);
      }
      catch(java.lang.ClassNotFoundException e) {
          System.err.println( e.getMessage());
      }
    }
    public ResultSet executeQuery(String sql) {
      try {
          connect = DriverManager.getConnection(sConnStr);
          Statement stmt = connect.createStatement();
          rs = stmt.executeQuery(sql);
      }
      catch(SQLException ex) {
          System.err.println(ex.getMessage());
      }
      return rs;
    }
}
```

3. 访问 JavaBean 的 JSP 源文件

代码如下：

```
//conn_db.jsp
<%@ page contentType="text/html;charset=GBK" %>
<%@ page language="Java" import="java.sql.*" %>
<jsp:useBean id="connDbBean" scope="page" class="student.
conn"/>
<html>
<head>
    <title>test db connection</title>
</head>
<body bgcolor="#FFFFFF">
<div align="center">
    <table width="60%" border="1">
      <tr bgcolor="#CCCCFF">
        <td width="50%">
        <div align="center"><font color="#FF0033"><b
        >姓名</b></font></div>
</td>
        <td width="25%">
        <div align="center"><font color="#FF0033"><b
        >性别</b></font></div>
      </td>
      <td width="25%">
        <div align="center"><font color="#FF0033"><b
        >分数</b></font></div>
    </td>
  </tr>
<%
ResultSet RS_result = connDbBean.executeQuery("select * from table1");
String studentName="";
String studentSex="";
int studentScore=0;
while(RS_result.next())
{
studentName= RS_result.getString("name");
```

```
studentSex= RS_result.getString("sex");
studentScore = RS_result.getInt("score");
%>
    <tr>
      <td width="50%" bgcolor="#FFFFFF">
        <div align="center"><%=studentName%></div>
      </td>
      <td width="25%">
        <div align="center"><%=studentSex%></div>
      </td>
      <td width="25%">
        <div align="center"><%=studentScore%></div>
      </td>
    </tr>
<%
}
RS_result.close();
%>
    </table>
</body>
</html>
```

4. 运行程序

将 conn.java 及编译后生成 student 文件夹一并拷入 Tomcat 安装目录：\Webapp\myfirstDBbean\Web－INF\classes；同时将 conn_db.jsp 文件拷入到 Tomcat 安装目录：\Webapp\myfirstDBbean（myfirstDBbean 文件夹是用户建的）。然后启动 Tomcat 服务器，运行如图 14-3 所示。

小结

本章简单介绍了 JavaBean 的基本结构、特征及类型，一个 JavaBean 由属性、方法和事件组成。然后给出了 JavaBean 应用的两个实例。

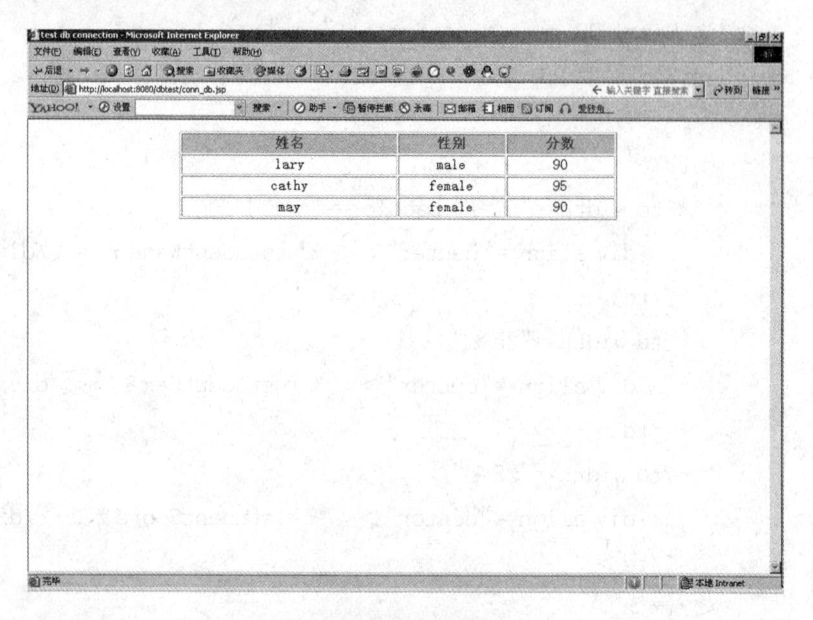

图 14-3　运行结果

指导练习

1. 阅读并补充程序

编写JavaBean程序如下：

```
package com.db;
import java.io.*;
import java.sql.*;
public class BankAccount
{
    private String AccountID;
    private String Pin;
    Statement stat;
    ResultSet rst;
    public void setAccountID(String id)
    {
```

```
    this.AccountID=id;
}
public String getAccountID()
{
    return this.AccountID;
}
public void setPin(String id)
{
    this.Pin=id;
}
/*public String getPin()
{
    return this.Pin;
}*/
public boolean AccountValidate()
{
    try{
        Class.forName("sun.jdbc.odbc.JdbcOdbcDriver");
         Connection con=DriverManager.getConnection("jdbc:
         odbc:test","sa","");
         PreparedStatement stat=con.prepareStatement("se\
         lect * from login where cAccount_ID=? and cPin_
         no=?");
        stat.setString(1,this.AccountID);
        stat.setString(2,this.Pin);
        ResultSet rst=stat.executeQuery();
    if (rst.next())
        return true;
    else
        return false;
    }
    catch(Exception e)
```

```
            {
                return false;
            }
        }
    }
```

编写 JSP 页面程序 test1.jsp 如下：

```
<%@ page language="Java" import="com.db.*"%>
<html>
<body>
<%
    //BankAccount BA=new BankAccount();
    BA.setAccountID(request.getParameter("accnum"));
    BA.setPin(request.getParameter("pinnum"));
    boolean flag=BA.AccountValidate();
    if (flag)
    {
        out.println("ok");
    }
else
{
out.println("check your password");
}
%>

<center><H1>Earnest Bank </H1></center>
<center>
<FORM method=POST action=#>
<table>
<tr>
<td>Enter your account number here</td><td><input type =
text name=accnum> </td>
</tr>
```

```
<tr>
<td> Enter your pin number here</td><td><input type=text
name=pinnum> </td>
</tr>
</table>
<center><input type=SUBMIT value=SUBMIT> </center>
</form>
<center>
</body>
</html>
```

独立练习

编写一用户注册程序，要求将数据库连接和访问写在 JavaBean 代码中，用户信息注册页面放在 Web 页面，如注册成功，则显示“你可以登录了”，否则，显示“返回注册页面”。